KB159601

한국의 산림녹화, 어떻게 성공했나?

한국의
산림녹화,
어떻게
성공했나?

이경준 지음

기파랑

"한국은 제2차 세계대전 이후
산림녹화에 성공한 유일한 개발도상국이다."

1982년 UN FAO(유엔 식량농업기구) 보고서 「한국의 농촌임업개발」

"한국은 세계적인 산림녹화의 모델이며……
우리도 지구를 다시 푸르게 만들 수 있다."

2006년 미국 지구정책연구소(Lester R. Brown 소장) 보고서
「Plan B 2.0: 문제에 봉착한 현대 문명과 스트레스 받는 지구 살리기」

"푸른 강물과 맑은 대기의 원천인 울창한 산림이
고도산업사회와 함께 그림 같은 조화를 이루게 될 때
우리는 건강하고 격조 높은 정신문화 속에서
풍요로운 삶을 누리게 될 것이다."

1978년 1월 박정희 대통령 연두기자회견

한국의 산림녹화 기록에 부쳐

한국인은 독특한 민족이다. 1960년대 초까지 세계의 후진국 중에서도 가장 밑바닥에 있던 한국이 가난을 물리치고 이제 IT 강국이 되었으며, 세계 10위권의 무역국가로 올라섰다. 뿐만 아니라 UN FAO(식량농업기구)가 발표한 대로 '제2차 세계대전 이후 산림녹화에 성공한 유일한 개발도상국'으로 인정받고 있다. 개발도상국의 경제발전은 대부분 환경파괴를 동반한다. 하지만 한국은 이 문제를 지혜롭게 극복하고, 이제는 '녹색성장'을 선도하는 국가의 자리에 우뚝 서 있다. 작은 한반도의 반쪽을 차지하고 세계에서 유일하게 이념으로 분단된 국가로서 많은 국방비를 지불하면서 이룩한 성과라서 더욱 의미가 크다. 더구나 세계 9위의 높은 인구밀도(500명/km²)로 인한 개발 압력에도 불구하고 반세기 동안 산림면적이 3%밖에 감소하지 않아서 국토의 64%를 산림으로 온전히 보존하고 있는 산림 국가이기도 하다.

한국은 요즘 전국이 푸른 숲으로 덮여 있다 보니 20~30대 젊은 세대들은 예전부터 숲이 우거졌던 것으로 잘못 알고 있는 것 같다. 그렇지만 50대 이상의 세대들은 뼈에 사무치는 가난을 직접 경험했고, 40년 전 처참하게 헐벗은 산을 또렷이 기억하고 있다. 최근 언론 매체를 통해 자주 보도되는 북한의 민둥산이 반세기 전 바로 남한의 모습 그대로였다고 상상하면 된다.

이 책은 한국의 성공적인 산림녹화에 관한 이야기다. 20세기 초 35년간 일본의 지배와 자원 착취, 해방, 6.25전쟁의 참혹한 파괴와 전후 혼란기를 거치면서 극도로 황폐했던 산림이 반세기만에 어떻게 기적적으로 회복되었는지를 다루었다. 한국은 산세가 험한 대표적인 산악국가다. 당시 국토의 67%를 차지하는 산림을 녹화하는 사업은 애국심을 가진 몇몇 시민이나 민간단체가 주도할 수 있는 일이 아니었다. 대신 강력한 의지를 가진 정부가 직접 나서서 녹화사업을 지휘하고 완수했다.

이러한 정부의 강력한 산림녹화 의지는 통치자로부터 비롯되었으며, 그는 바로 박정희朴正熙 대통령이었다. 그는 우선 낙후한 경제를 재건하는 사업에 열정을 쏟았다. 부존자원이 없는 나라에서 대신 풍부한 인적 자원을 활용해 수출 진흥으로 국가 경제를 살리려고 노력했다. 동시에 오랜 시간이 걸리며 투자해도 별로 눈에 띄지 않는 산림녹화사업을 확고한 신념과 강력한 리더십을 가지고 장기간 꾸준히 추진했다. 넉넉지 못한 국가 재정에도 불구하고 상당한 예산을 배정했으며, 후손들에게 살기 좋은 금수강산을 되찾아 주기 위해 새마을운동을 통해서 온 국민이 나무심기에 나서도록 격려하고 지도했다.

그 당시 통치자의 강력한 의지와 국민의 협조가 없었더라면 한국의 산림녹화는 아직도 완성되지 못했을 가능성이 크다. 그만큼 산림황폐가 장기간 지속되고 매우 심각하여 자연회복이 불가능했기 때문이다. 당시 농촌에는 배고픈 농민과 풍부한 노동력이 있었지만, 산림녹화가 완성된 이후로 농촌의 인구 감소, 고령화, 협동 정신의 약화, 그리고 높아진 인건비 때문에 이제 조림을 위한 대규모 인력 동원은 거의 불가능하게 되었다.

이 책은 논란의 대상이 될 수 있는 박 대통령의 정치적 측면에 대한 기술을 배제하고, 국토녹화에 관한 사항만을 다루었다. 다만 어떤 경제적·사회적 상황에서 국토녹화를 추진했는가 하는 것은 가치판단의 기준이 되므로, 가급적 당시의 사회 여건을 기술하려 애썼다. 그러나 필자의 주관에 치우치지 않도록 여러 관계자들의 기록과 필자가 직접 실시한 면담 내용을 바탕으로 했다. 또한 이 책이 역사적 기록물로 활용될 수 있도록 국토녹화와 사회변화에 관련된 정확한 통계자료를 곁들였다.

이 책을 펴내는 과정에서 많은 사람과 기관의 도움을 받았다. 특히 면담에 응해주신 당시 김영준 산림국장(후에 농림부 장관), 손수익 산림청장(후에 교통부장관), 고건 새마을국장(후에 국무총리), 김갑성 산림청 조림국장(후에 임업시험장장), 김연표 조림과장(후에 임업연구원장), 박승걸 유실수과장(후에 중부임업시험장장), 노의래 연구관(후에 국립산림과학원장), 박진환 대통령 경제담당특별보좌관(후에 농협대학장), 오휘영 대통령 조경건설비서관(후에 한양대학교 교수), 김귀곤 청와대 조경사무관(후에 서울대학교 교수), 박원근 청와대 총무비서실 온실장에게 감사의 마음을 전한다. 사진 자료를 제공해준 산림청 홍보실, 한국임업신문사 김종철 사장, 추천사를 써주신 고건 전 국무총리, 김정렴 전 대통령비서실장(후에 박정희 대통령 기념사업회장)께도 감사의 말씀을 전한다. 끝으로 포토샵으로 사진의 화질을 높여 준 필자의 내자 안명희와 이 책의 출판을 흔쾌히 허락하신 기파랑 출판사 안병훈 사장께도 감사드린다.

2015년 가을
관악산에서 이경준

20세기 한국의 성공적인 산림녹화, 그 기록을 축하하며

고건

제30대, 35대 국무총리, 현 기후변화센터 명예이사장

요즘 우리는 전국 어디에서나 울창한 숲을 볼 수 있다. 나는 푸르른 숲을 거닐면서 가끔 옛날을 회상하고 감회에 젖기도 한다. 내가 어린 시절은 물론이고 서른 살이 넘을 때까지 마을 뒷산은 모두 벌거숭이 산이었다.

1970년대 초 한참 일에 열정을 불태우던 젊은 부이사관 시절, 새마을 담당관으로 있던 나에게 경남·경북도 경계에 있는 동대본산에 사방사업을 하라는 특명이 떨어졌다. 동대본산은 월성군 외동면과 울주군 농소면 사이에 있는 큰 산이다. 도쿄에서 비행기를 타고 우리나라 영공으로 들어오다 보면 이 산이 제일 먼저 눈에 잡힌다. 지금이야 녹화가 잘되어 푸르지만 당시에는 헐벗은 민둥산이었다. 이 민둥산이 울창한 일본의 산을 내려다보며 날아온 방문객에게 처음 비춰지는 한국의 산이라는 사실을, 박정희 대통령은 도저히 용납할 수 없었을 것이다. 나는 새마을국장으로서 현장을 지휘했으며, 어려운 여건 속에서 산사태를 조기

에 성공적으로 복구함으로써 산림녹화사업을 직접 담당하는 계기가 마련되었다.

이러한 연유로 1973년 '제1차치산녹화10개년계획'을 수립하는 막중한 과제가 나에게 맡겨졌다. 워낙 농림부가 해야 할 일이었지만 새마을사업을 추진하던 내무부가 그 일을 하게 된 것이다. 두어 달 전국의 산지를 다니며 밤낮없이 매달려 계획을 만들었더니 관계 장관회의에서 계획 입안자가 직접 보고하라는 대통령 지시가 떨어졌다.

나는 대통령 앞에서 국민조림, 속성조림, 경제조림의 세 가지 원칙을 설명했다. 10년 안에 전 국토를 완전히 녹화하기 위해서 온 국민이 참여하는 국민식수의 개념을 도입했으며, 헐벗은 산으로 인해 한발, 홍수, 흉년의 악순환이 반복되는 시급성을 감안하여 10대 조림수종을 선정하고 속성수와 장기수를 7:3의 비율로 심어 산림을 조기에 녹화하는 속성조림을 강조했으며, 농촌임산연료를 해결하면서 협동사업인 '새마을양묘'를 통해 마을의 공동 소득을 창출하는 경제조림을 제안했다.

이날 보고된 치산녹화 10년 계획의 내용은 이 자리에서 국가정책으로 결정되었고 치산녹화사업을 새마을운동에 의한 국민조림으로 추진하기 위해 농림부소속의 산림청을 새마을 주무부인 내무부로 이관하는 방침도 이 자리에서 결정되었다.

이렇게 확정된 10개년계획의 기본 틀은 산림청의 구체적인 사업계획에 따라서 차질 없이 진행되었으며, 이로서 치산녹화사업은 온 국민의 성원 속에서 이미 시작된 새마을운동과 새로 성안된 중화학공업 육성사업과 더불어 가장 중요한 국책사업으로 자리매김하게 되었다. 10년 안에 100만ha에 총 21억 그루의 나무를 심는 계획이었던 제1차치산녹화사업은 6년 만에 조기 달성되었으며, 1979년부터 시작된 '제2차치산녹화 10개년계획'도 9년만인 1987년 조기 완성되어 전국이 푸른 산으로 뒤덮이게 되었다. 이듬해 1988년에는 올림픽을 유치하여 온 세계에 한국의 성공적인 산림녹화를 홍보할 수 있게 되었다.

UN FAO는 1982년 공식적인 보고서를 통해 "한국은 제2차 세계대전 이후 산림녹화에 성공한 유일한 개발도상국"이라고 극찬했으며, 한국의 산림녹화는 이제 환경복원 분야에서 20세기의 기적으로 널리 알려져 있다. 나는 1970년대 역사적인 산림녹화사업의 초기계획을 세웠던 책임자로서 지금도 이에 대한 자부심과 큰 보람을 느끼고 있다.

본 도서는 이경준 교수가 25년간의 교직생활을 마감하면서 한국의 산림황폐의 역사와 1970년대 산림녹화 과정을 박정희 대통령을 중심으로 하여 다큐멘터리 형태로 구성한 책이다. 산림녹화에 관한 주관적인 해석을 배제하기 위해 산림청의 기록물과 다른 저자들에 의해 이미 발표된 객관적인 자료와 20여 명에 달하는 관련 인사들을 직접 면담하여 썼다고 한다. 이 책은 이 교수가 의도했던 대로 정치적 해석을 배제하면서 20세기 한국의 성공적인 산림녹화 과정을 당시의 경제적 및 사회적 상황과 함께 기록함으로서 후세에 역사적인 기록물로 남게 될 것이라고 믿는다. 이 책을 출간하게 된 것을 진심으로 축하한다.

박정희 대통령 시절의 산림녹화운동이 왜 중요했던가를 기억하면서

김정렴

전 박정희대통령 비서실장, 전 박정희대통령 기념사업회장

요즘 한국의 산은 어디를 가나 우거진 숲으로 뒤덮여 있다. 그러나 과거에는 그렇지 않았다. 50년 전만 해도 당시 경제에 희망이 전혀 보이지 않았던 것처럼 전국의 산야도 끝없이 민둥산으로 이어져 절망의 상태에 있었다.

한국은 박정희 대통령 시절의 빠르고 지속적인 사회적 경제적 변혁을 통해서 한 세대 만에 가난한 농업국가에서 산업국가로 변신했다. 이러한 빠른 경제 발전은 수출지향적 산업화에 의해서 촉발되었다. 그러나 1970년대 농촌의 가난을 극복하고 생활수준을 개선시켰던 농촌개발정책이 지금의 번영을 가져오는 데 크게 기여했다는 사실이 잘 알려져 있지 않다. 당시 새마을운동은 농촌개발정책의 핵심을 이루고 있었으며, 근면, 자조, 협동에 근거하여 농민들의 정신과 마음을 바꾸어 놓은 운동이었다. 당시 새마을운동과 함께 추진되었던 농촌개발정책 중에서 가장

성공적인 것 중의 하나는 산림녹화사업이었으며, 이는 당시 산업화 정책과 더불어 가장 성공적인 정책으로 우뚝 서 있다.

실제로 나는 정부기관과 대통령비서실에서 근무하면서 한국의 벌거벗은 산야가 녹화되어 활력을 얻는 과정을 경이로운 눈으로 직접 체험했다. 나무 한 그루 없던 황량한 산야가 끝없이 펼쳐지는 녹색 물결이 넘치는 우거진 숲으로 변한 것이다. 마치 녹색 카펫을 씌워 놓은 것 같은 착각을 줄 정도였다.

한국의 산림녹화는 정부와 국민의 엄청난 노력으로 이룬 성과였다. 정부는 산림녹화정책을 입안하고 집행하고 국가 자원을 동원하는 데 많은 시간과 노력을 기울였다. '제1차치산녹화 10개년계획'을 세워 위로는 박정희 대통령, 대통령 비서실, 내무부 산림청을 포함한 정부의 여러 부서에서부터 밑으로는 전국의 지방정부에 이르기까지 정부의 모든 부서가 참여한 대과업이었다. 가장 중요한 것은 새마을운동을 통해 농촌 주민을 포함한 전 국민이 직접 참여하여 피땀 흘리면서 나무를 심었기 때문에 산림녹화에 성공했다는 사실이다. 결국 우리는 치산녹화 10개년계획을 6년 만에 완수했으며, 목표보다 더 많은 108만ha에 29억 그루의 나무를 심었다.

바로 50년 전 한국의 대부분의 산야가 풀과 나무가 없는 민둥산이었다는 사실을 많은 국민은 잊어버렸거나 아니면 너무 어려서 잘 모르고 있다. 40여 년 전 정부와 국민이 헌신적으로 나무를 심지 않았더라면, 우리는 그 노력의 대가인 풍요로운 금수강산을 지금처럼 즐길 수 없을 것이라고 나는 감히 말하고 싶다. 이것이 바로 서울대학교 이경준李景俊 명예교수가 쓴 이 책이 한국의 경제발전과 역사를 이해하는 데 매우 중요하게 되는 이유이다. 1970년대 한국의 산림녹화 과정에 대한 지식은 국가개발, 환경보전, 사회학의 여러 분야를 연구하는 학자, 학생, 전문가들에게 중요한 정보가 될 것으로 믿는다. 나는 한국의 농촌개발과 새마을운동에 관심이 있는 분들에게도 이 책을 권하고 싶다.

목차

제4부　내무부 산림청 시대

제5부 되찾은 금수강산

가난한 나라

극동아시아의 작은 반도 국가로서 그나마 그 반쪽만을 차지하고 있는 국가. 부존자원이 없는 국가. 한 세기 전 강대국의 식민지 피해를 본 국가. 2차 세계대전 이후 공산당의 침략으로 6.25전쟁을 겪으면서 270만 명(아군 79만 명, 적군 92만 명, 민간인 99만 명)의 사상자를 내고 국토가 폐허로 변한 국가.[18] 한국은 정말 가난하고 희망이 없는 국가였다. 더구나 1960년도 인구는 2천499만 명으로 인구밀도는 세계 4위였고 인구증가율은 2.9%로 세계 6위였다.

1959년 기준으로 당시 유엔등록국가 120개국의 1인당 국민소득 자료를 보면 1위는 미국으로 2,250달러였고, 2위는 캐나다(1,521달러), 이어서 스웨덴(1,387달러), 스위스(1,299달러)이었으며, 영국은 1,023달러, 서독은 833달러였고, 일본은 299달러로 25위였다. 한국은 76달러로 120개 국가 중에서 119위로 최하위 그룹이었다. 인도가 꼴찌였으며, 필리

핀이 170달러, 태국이 220달러, 그리스, 터키, 남아연방, 콜롬비아는 200~400달러 수준으로 모두 한국보다 높았다.

1961년, 우리나라는 수출 4,080만 달러, 수입 3억1,600만 달러를 기록했다. 참담한 기록이었다. 국민총생산GDP은 21억 달러였고, 주식인 쌀은 345만 톤을 수확했다. 쌀이 절대적으로 부족했으나 외환부족으로 수입할 수도 없었다. 1960년에는 외국으로부터 2억4천만 달러의 원조를 받아 겨우 연명했다.

식량이나 생필품만 부족한 것이 아니었다. 당장 먹을 물이 부족했다. 우리나라는 강수량이 세계 어느 나라 못지않게 풍부한 나라이지만, 내리는 비는 나무가 없는 민둥산을 깎아 토사를 내리쏟으며 집과 전답을 휩쓸기만 했다. 호수가 없어 대자연이 물을 보관해주지도 않았고, 인간인 우리가 물을 모아 쓰기 위한 지혜를 발휘하지도 못했다.

서울 사대문 안의 경우 집집마다 마당에 수도꼭지가 하나씩 있기는 했지만, 지대가 조금만 높아도 그림의 떡이었고, 저지대라도 한밤중이 되어야 그나마 몇 초롱의 물을 받을 수가 있었다. 요즘처럼 집에서 샤워는 커녕 빨래에 필요한 최소한의 물조차 원활하게 공급되지 않았다. 당시 어린 나이이던 필자는 서울에 살았다. 옆 동네 약간 높은 지대에 사는 주

볼썽사나울 만큼 어린 소나무들만이 듬성 듬성 널려 있는 산과 그 아래에서 조는 듯한 초가집 몇 채. 1960년대 초 경기도 북부지역의 모습이다.

민들은 공동수도에서 매일 1시간 이상 줄을 서서 기다려야 했다. 그래야만 겨우 두 초롱의 물을 받아 물지게로 져 나르곤 했다.

치산치수治山治水가 되어 있지 않으면 식수난만 겪는 것이 아니다. 쌀 생산량도 준다. 비가 오면 논이 넘치고 안 오면 논바닥이 말라서 갈라지니 벼가 제대로 자랄 리가 없는 것이다. 어디 쌀뿐이랴? 우리가 먹는 모든 작물, 채소, 과일, 그리고 가축에 이르기까지 모든 살아있는 것들은 물을 요구한다. 치산치수가 되어 있지 않으면 당장 인간의 생존 자체가 불가능해지는 것이다. 사막이 그 좋은 예다.

물이 인간에게 적절히 사용되기 위해서는 필수적으로 두 단계를 거쳐야 한다. 적당한 강수와 지혜로운 물의 관리다. 이 중 강수가 신의 영역이라면 물 관리는 인간의 영역이다. 인간이 신과 손발을 맞추어야만 물 한 컵이라도 제대로 마실 수 있다는 점이 참으로 오묘하다. 물의 관리는 다시 두 단계로 나뉜다. 물의 보관과 정수다. 정수과정은 물만 있으면 기술적으로 해낼 수 있다고 하지만, 보관은 정수와는 차원이 다르다. 워낙 거대한 사업이기 때문이다. 물의 보관은 두 가지 주체가 담당한다. 하나는 댐을 비롯한 저수시설이고 또 하나는 숲이다. 나무가 울창한 산에서는 일 년 내내 맑은 물이 흐른다. 아무리 큰 강도 그 발원지를 찾아가보면 깊은 산속 옹달샘이다. 강의 발원지뿐이 아니다. 하류로 내려와 도도히 흐르는 강물 모두가 숲의 물주머니에서 조금씩 흘러나온 것들이다.

댐의 저수능력과 산의 저수능력은 어느 쪽이 더 클까? 우리나라 모든 댐이 가두어놓고 있는 물의 양과 모든 나무들이 붙들어놓고 있는 물의 양은 어느 것이 더 많을까? 한국은 산림면적이 국토면적의 64% 정도로 세계적인 산림 국가인데, 산에 저장되는 물의 총량은 180억 톤이다. 국내에서 가장 큰 소양강댐의 유효 저수능력인 19억 톤의 9배 정도 되고, 국내에 있는 총 49개 주요 댐의 총 저수능력인 140억 톤(2006년 통계)

붉은 생살을 드러내고 있는 도시 부근의 민둥산. 1960년대 초 서울시 성북구 돈암동 근처. 멀리 나무 한 그루 없는 황폐한 북한산이 보인다.

보다 40억 톤이나 많다. 이렇게 큰 저수능력은 산에 나무가 우거져 있기 때문에 가능해졌다. 그러나 나무가 없는 곳에서는 댐을 쌓아본들 토사가 쓸려 내려와서 댐이 금방 흙으로 메워지고 만다. 이것이 나무와 댐이 공존하는 이유다.

1960년 당시 우리나라 산은 절반 이상(약 57%)이 민둥산이었다. 그러니 댐이라고 할 만한 것도 몇 개 되지 않았다. 일제시대 준공된 화천, 청평, 보성댐과 해방 이후 건설된 괴산댐이 전부였으며, 저수량은 화천댐(6억6천만 톤)을 제외하면 1억 톤급도 안 되는 소형 댐들이었다. 앞에 얘기한 식수난의 이유가 분명해진다.

그 이후 역대 정부는 추가로 댐을 건설하여 현재 총 67개의 주요 댐을 보유하면서 상류 수원지역의 산림을 녹화하여 산림의 저수능력을 높였다. 박정희 정권은 18년 동안 총 25개의 댐을 건설하였는데, 특히 북한강과 남한강에 소양강댐과 충주댐을 포함한 6개의 대형 댐을 건설했다. 이로써 한강 유역의 홍수를 예방하고, 인구의 45%가 거주하고 있는 수도권에 식수, 농업 및 공업용수를 공급할 수 있는 기반을 일찌감치 만들어놓았다. 그 결과 서울시의 상수도 공급량은 1985년(최초의 공식 기록을 가진 해) 연간 13억 톤을 기록함으로써 서울 시민이 마음대로 물을 쓸 수 있게 되었다. 2010년 서울시는 매일 340만 톤의 물을 시민에게 공급하고 있다.

서울 시민 1인당 매일 0.3톤의 물을 쓰고 있는 셈이다. 이 덕분에 우리는 세탁기를 마음대로 돌릴 수도, 전 국민이 매일같이 집에서 샤워를 할 수도 있게 되었고, 산업시설을 전국 어디에나 마음 놓고 지을 수 있게 되었다. 그러면 우리가 쓰는 이 많은 물이 어디에서 나오는 것일까? 1961년 이후 우리나라 강수량이 늘어났다고는 하지만 그 증가량은 많지 않다. 그런데도 어떻게 이 많은 물을 우리가 여유 있게 쓰게 된 것일까?

필자는 임학자 40년의 세월을 마감하고 대학교에서 정년퇴임했다. 그러나 못 다한 일이 아직도 한 가지 있다. 오늘날 이토록 아름다운 금수강산의 옛 모습을 되찾게 된 과정과 이에 기여한 사람을 추적하는 일이다. 그리고 그 성공비결이 바로 국토녹화였다는 것을 밝히고, 이와 관련된 발자취를 기록하여 후세에 전하는 일이다.

제1부
황폐한 조국

▶ 1928년 경북 영주시 상망동의 헐벗은 산 (출처: 「경북사방100년사」, 1999)

제1장

헐벗은 한반도

:: 산림황폐의 원인

한국 산림의 황폐는 그 역사가 깊다. 조선조 초기부터 인구가 늘어나면서 더불어 목재도 부족해지기 시작했다. 궁궐, 사찰, 군선으로부터 사대부들의 호화로운 주택, 민가 등에 이르기까지 모든 건축자재가 나무였고, 한반도의 겨울은 매우 추워서 많은 임산연료를 필요로 했기 때문이었다. 이런 여건에서 산림황폐에 대한 우려가 기록상에 나타나기 시작한 것은 조선조 중기였으며, 조선조 말기에는 이미 심각한 수준에 도달해 있었다. 인구증가로 인하여 도시 주변부터 산림이 완전히 망가지기 시작한 것이다. 고종실록에도 1873년 고종高宗이 도성 주변의 백악산, 인왕산, 낙산, 남산에 나무가 없음을 한탄한 기록이 있다.

　성신여대 박기주 교수는 조선말기 외국인들이 기록한 산림황폐의 실

조선시대 산들이 벌거벗었던 정도와 그 이유를 매우 상징적으로 보여주는 사진이다. 1903년 서울 무악재의 한 주막 뒤로 민둥산이 보이며 소 등에는 땔감이 잔뜩 실려 있다. (사진: 〈조선일보〉, 2010. 1. 15.)[46]

상을 소개했다.[46] 1894년 초 조선을 방문한 영국의 지리학자 이사벨라 버드 비숍Isabella Bird Bishop은 『조선과 그 이웃나라들Korea and Her Neighbors』이라는 책에서 한성(서울) 주변의 산이 모두 벌거벗었음을 기술했다. 러시아의 베벨리 중령은 1889년 함경북도의 경우 오지에만 나무가 남아 있고, 마을 주변은 헐벗은 산으로 뒤덮여 있음을 기록으로 남겼다. 대한제국 마지막까지 조선과 함께했던 미국 선교사 헐버트 박사Homer B. Hulbert,1863-1949도 1906년 "*The Passing of Korea*(대한제국 멸망사)"에서 "반도의 어느 곳을 가나 벌거숭이산을 볼 수 있는데 이러한 광경은 활엽수로 가득 찬 일본의 풍경과는 극히 대조적"이라고 썼다.[46]

조선왕조1392-1910에는 개인은 산림을 소유할 수 없고, 국가가 직접 관리하는 형태였지만 산에서 마음대로 연료를 채취할 수 있었다. 즉 산림은 무주공산無主空山의 개념으로 일반 국민에게 인식되어 있었고, 개방된 상태로 방치되었다. 삼국시대부터 20세기에 들어서기까지 모든 연료를 산에서 채취했기 때문에 산은 필연적으로 황폐해질 수밖에 없었다. 특히 온돌이라는 가옥 구조는 나무 연료를 전제로 하는 난방 및 취사체계이며, 에너지 효율이 낮은 취약한 구조를 가지고 있다. 게다가 농촌에서는 겨울에 소의 죽을 끓여 먹이는 지나친 사랑을 베풀면서 훨씬 더 많은 연료를 소모하게 되었다.

당연히 목재나 연료를 얻기 위한 도벌盜伐이 곳곳에서 벌어졌다. 이에 대한 조선왕조의 대책으로는 소나무의 벌목을 금하는 금송禁松이라는 것이 있었다. 그러나 금송과 엄벌만으로는 산림을 보호할 수 없었다. 마을 주변의 산은 어느새 민둥산이 되었고 서울에서는 호랑이의 울음소리도 점차 들을 수 없게 되었다. 1910년에 조선(한반도 전체)의 임목축적(단위 면적당 서 있는 나무의 부피)은 1ha(헥타르, 10,000m²) 당 40m³ 정도로 줄어 있었으며, 산림의 26%가 민둥산이었다.[17]

조선 인구 2천만, 한양 인구 40만 명 시대. 사대문 밖의 온 산과 들은 한양의 연료 공급처였다. 그중, 한양을 둘러싸고 있는 경기도의 여러 도시에서 많은 나무를 한양으로 공급했는데, 특히 '광주 땔나무장수'의 명성이 드높았다. 산림청 이창우李昌雨 씨의 이야기를 들어보자.

이때 남쪽 시구문屍口門 밖의 나무시장에는 광주와 이천 방향에서 생산되는 땔나무들이 우마차에 실려 집하되었고, 동소문 밖에는 양주와 고양 방향에서 온 장작들을, 서대문 밖 나무시장에는 파주와 고양군 등에서 온 나무들을 팔았다. 한양의 나무 소매상들은 문밖 나무시장에 가서 손수레나 달구지로 실어와 시민들에게 팔았다. 한양 시민들은 돈만 있으면 땔나무를 확보하는 것이 어려운 일이 아니었다. 그러나 장작을 구입할 형편이 되지 않는 서민들은 추운 겨울날에도 안방 아랫목만 겨우 미지근하게 덥히고, 방 안에는 화로를 마련하여 방의 냉기를 줄이기도 하였다.
건축용 목재는 멀리 강원도와 충청도에서 뗏목에 실려 한강을 통해 운반되었다. 춘천이나 영월, 또 단양에서 채취한 목재는 서빙고와 한남동 나루터에 내려져 시구문 밖 나무시장으로 옮겨졌다. 이때, 한강을 타고 내려오는 뗏목은 중간에서 여주, 이천, 광주지방의 연료까지 함께 운반하였는데, 이로 인해 일제강점기부터 해방 이후까지 여주, 이천의 산림이 더 심하게 황폐하게 되었다.

지방 소도시의 연료는 5일 간격의 장날에 맞추어 활발히 거래되었다. 인근 농촌에서 아침 일찍부터 마른 솔가지와 장작長斫을 지게, 소 등에 싣거나, 여인들이 머리에 이고 시장으로 모이면 순식간에 팔려나갔다. 현금화가 가장 손쉬운 상품이 땔나무인 셈이었다. 아이들 월사금, 식구들의 고무신이나 옷가지, 조상의 제사에 쓸 제수거리 등을 위한 현금 수요가 적지 않았던 데다가, 고정적 현금 창출 수단이 마땅치 않았던 농민들은 결사적으로 새벽 나무장사를 할 수밖에 없었다. 시, 군청에서 산림간수들이 이를 단속하는데, 솔가지는 묵인되지만, 장작은 단속대상이었다. 적발되면 벌금을 물어야 했다. 그때마다 나무를 팔던 농민들은 "송충이 피해목을 베었시유!" 하던가, 장작 껍질을 적당히 태운 후 "산불에 그을려 죽은 것을 베어왔네요."하고 위장하기도 했다. [27]

:: 일본의 만행

산림황폐의 필연적 불운은 여기서 끝나지 않았다. 일본은 1895년 청일전쟁에서 승리하면서 중국과 시모노세키조약을 체결하고 압록강 주변에서 나무를 베어갈 수 있도록 벌채권을 확보했다. 을사늑약을 체결하기 10년 전이다. 조선의 국운이 쇠퇴하는 것을 틈타 벌채권부터 탈취해가는 그들의 야욕에 새삼 혀를 내두를 뿐이다. 러시아도 가만히 있지 않았다. 1896년과 1903년에 걸쳐 우리나라와 한로韓露삼림협약을 맺고 압록강과 두만강 유역의 산림벌채권을 얻어낸 것이다.

당시 일본이나 러시아는 다른 어느 나라에 못지않게 방대한 산림자원을 가진 나라들이었다. 그럼에도 불구하고 이 작은 나라에 와서 그나마

나무가 이 정도 굵기로 크려면 100년 정도 자라야 한다. 일제는 원시림에서 이런 나무만 골라 베어갔다.

얼마 남지 않은 자연림을 송두리째 베어가겠다는 것이었다. 이러한 이웃나라들과는 달리 벌채권을 척척 내어주던 조선의 지도자들은 어떤 안목의 사람들이었을까? 1905년, 을사늑약을 체결하고 우리나라를 완전히 집어삼킨 일본은 본격적으로 임산자원 수탈을 시작하였다. 당시 마을 주변의 산림은 이미 황폐한 상태였으나, 사람의 접근이 어려운 깊은 산속에는 울창한 나무가 서 있었다.

일본은 한국을 점령하자마자 학술조사라는 미명 아래 한국의 모든 자원을 정밀하게 조사했다. 산림자원도 예외가 아니어서 전국을 대상으로 조사를 실시했다. 전국에 14개의 영림서를 세워 국유림을 관리했는데, 이 중에서 11개의 영림서를 평안북도와 함경남북도에 설치했다. 특히 신의주, 혜산진, 무산 영림서를 집중적으로 관리하면서 울창한 산림이 많은 압록강과 두만강 연안, 백두산 주변의 원시림을 베어냈다.[36] 을사늑약 이전에 이미 청일전쟁에서 승리함으로써 백두산 주변의 원시림을 우선적으로 벌채했고 압록강과 두만강을 이용하여 밖으로 운반했다. 압록강 연안에는 울창한 잣나무림이 수해樹海를 이루고 있었다. 일제는 이를 대량으로 벌채하여 뗏목을 만들어 끌어내서 만주지역 건설 사업에 투입했다.

조선을 강점한 일제는 이처럼 산림자원을 조직적으로 수탈했다. 평안북도, 함경남북도 이외에 경상북도의 울창한 산림도 집중적으로 벌채해 갔는데, 다행히 1927~1941년 사이에 구축되어 있던 임업통계가 남아 있어 일제의 만행이 증명되고 있다. 당시 총 6천3만m³의 임목축적이 감소했는데[19], 이는 2009년 현재 남한의 총 임목축적량인 6억9천만m³의 9%에 해당하는 엄청난 양이었다. 지역별로는 함경남도가 45.5%, 평안북도가 34.5%, 함경북도가 31.3% 감소한 것으로 기록하고 있다.

경북 봉화-울진 지역에서는 아름드리 금강소나무를 닥치는 대로 베어 갔는데, 경북 봉화군 소천면 구마 계곡에 생존하는 안세기 씨(해방 당시 20세)가 생생하게 이를 증언한다.[27] 당시 안세기 청년은 일제가 운영하던 조선임업개발 주식회사에 급사로 취직하여 8년간 일했고, 주변에는 이 회사에 근무하는 일본인들이 약 90가구 정착해 있었다. 이 회사의 주 업무는 봉화-울진 일대의 금강소나무를 위시한 원시림을 베어내는 것이었는데, 보통 하루 200~300명의 조선인 노무자를 고용했다. 노무자 1인당 하루 품삯이 50전이어서, 5일 일하면 쌀 두 말을 살 수 있는 돈벌이였다. 이렇게 베어낸 나무들은 봉화군 현동면 소재지 야적장에서 건조시킨 후 영주에서 기차 편으로 부산으로 운반해서, 다시 배편으로 일본으로 수송했다. 그때 잘라낸 나무의 밑동에서 장정 네 명이 앉아 점심을 먹을 정도로 나무가 굵었고, 높이 12m까지 굵기가 같을 정도로 곧게 쭉 뻗어 자란 것들이었다고 한다.[27]

1940년대 초, 즉 제2차 세계대전이 막바지에 이르자 일제의 산림 수탈은 극을 치달았다. 전국의 송림에서 나무를 베고 남은 그루터기를 모

사방공사는 삽과 곡괭이에 의지하는 인해전술로 해결하는 수밖에 없다. 1934년 경남 거창군 남상면에서의 사방 사업 모습이다. (사진: 수원고등농림학교 출신 육동백 촬영)

조리 파헤친 것이다. 여기에서 송진을 채취하여 군사용 유류대용품으로 사용한다는 것이었는데, 전국의 농민을 동원하여 소나무 그루터기 하나도 남아 있지 않게 했다. 이로 인하여 장마철에는 산 흙이 아래쪽의 논과 밭, 하천으로 쓸려 내려와서 산사태와 홍수를 더욱 악화시켰다. 1920년부터 1939년까지 20년 사이에 조선에는 5회의 대홍수와 5회의 대가뭄(한발)이 발생해서 평균 2년마다 홍수 혹은 가뭄이 찾아왔음을 알 수 있다.[47]

그러나 불운은 아직도 끝나지 않았다. 일제로부터 해방되면서 국외에 거주하던 동포들이 대거 귀국하여 목재 수요가 증가했고, 무정부 상태에서 산림은 더욱 파괴되었다. 통계에 의하면 해방 직후인 1947년 남한의 극심한 황폐지 중에서도 즉시 사방사업을 해야 하는 면적(요사방지)이

44만ha에 달했으며, 단위면적당 임목축적은 8.8m³/ha에 불과했다. 이어서 발생한 6.25전쟁1950-1953은 대규모 피난민의 유입, 사회적 혼란과 가난을 불러와 이 땅에 남아 있던 몇 그루의 나무마저 없어지게 만들었다. 전쟁 중 행정의 공백상태에서 무질서한 임산연료의 채취와 산림의 남벌은 국가적 수치로 기록될 만했다. 그러나 당시의 산림파괴는 일종의 생계형 남벌이었으므로 대안 없는 단속은 실효를 거둘 수가 없었다.

그래서 우리 역사상 산림황폐가 가장 심했던 때는 1950년대 후반으로 기록된다. 1956년 당시 요사방지의 면적은 68만6천ha로 늘어나서 남한 산림면적의 10% 이상이 극심한 황폐지로서 풀과 나무가 전혀 없는 독나지禿裸地였으며, 전체 산림의 1/2 이상(약 57%)이 민둥산이었다.

산림이 더 황폐해지자 여러 가지 부작용이 심하게 나타났다. 비가 조금만 와도 산에서 흙이 씻겨 내려와 하천과 강바닥을 높여 제방이 터지면서 홍수가 발생했고 이로 인하여 전답이 매몰되었다. 반대로 조금만 가물어도 하천과 강바닥이 마르면서 한발 피해가 커져 흉년이 자주 찾아왔다. 하천에서 물고기가 사라지고 산속에서 새와 짐승들이 살 곳을 잃어버렸다. 급속한 국토의 사막화로 모든 생태계가 파괴되고 있었던 것이다.

제2장

선진국의 숲

:: 산림은 국부(國富)다

중동지역은 인류문명의 발상지다. 그러나 옛날의 영광은 사라지고 지금
은 사막이 널리 퍼져 있다. 필자는 얼마 전 중동지역을 여행하면서 나무
한 그루 못 자라는 끝없이 펼쳐진 모래사막과 숨이 막히는 더위를 경험
했다. 귀국하는 길에 하늘에서 내려다본 한국은 어디나 나무가 우거져
있어 필자의 마음을 안도하게 만들었다. 그러나 바로 반세기 전에 한국
이 중동지역 못지않게 반사막처럼 벌거숭이산으로 뒤덮여 있었다고 하
면 젊은 세대들은 실감이 나지 않을 것이다. 지금의 노인세대들은 극심
한 가난 속에서도 피땀을 흘리면서 열심히 나무를 심어 예전의 금수강
산을 되찾음으로써 후손을 위한 풍요로운 삶의 터전을 만들어놓았다.

"우리 땅에는 중동에서 나오는 석유와 가스는 나오지 않지만 어디에서든 땅을 파면 물이 나온다는 사실이 얼마나 큰 축복인지를 실감하게 된다. 기름과 가스는 세월이 가면 없어지는 자원이지만 물은 영원히 이어지는 자원이다. 사람은 기름 없이 생존하는 데 큰 지장이 없지만, 물 없이는 열흘도 지탱하기 어렵다. 이렇게 소중한 물을 어느 곳에서나 쉽게 얻을 수 있다는 것이 얼마나 큰 축복인지를 미처 모르고 지냈다."

이것은 두레교회 김진홍 목사의 설교내용이다(2009년 10월 5일). '나무는 부의 상징이다.'라고 보통 말하지만 필자는 이 말이 정확한 표현이 아니라고 생각한다. 나무가 부의 '상징'이 아니라 '나무는 국부國富다.'라고 해야 옳다. 나무는 한 나라의 산업시설이나 각종 인프라에 버금가는 국부 그 자체이며 지상자원이다. 이러한 필자의 주장은 지구상에서 가장 잘 사는 나라 서너 곳만 찾아보면 금방 확인된다. 국내에서는 서울대학교의 현신규玄信圭 박사(우리나라 제1호 임학박사)가 산림부국론山林富國論을 처음으로 제창했으며,[36] 필자는 스승의 영향을 받았다고 할 수 있다. 그의 주장이 1949년부터 중학교 1학년 국어 교과서 "중등국어"에 장기간에 걸쳐 실리기 시작했다.

:: 4대 선진국의 공통점

독일은 19세기에 현대 임학林學의 기초를 세운 나라다. 지금 세계 각 대학교에서 가르치는 임학(산림과학)의 뿌리가 독일인 것이다. 독일은 이에 걸맞은 울창한 숲을 가지고 있다. 제1차 및 2차 세계대전을 치르면서 독일은 패전국가가 되어 경제적으로 매우 어려운 시대를 겪었다. 그러나 독일 국민에게는 나무를 사랑하고 지켜야 한다는 유전자가 이어져 내려오고 있었다. 초등학교 때부터 나무의 필요성과 그 혜택에 대한 교육을 받은 덕분이었다. 그래서 독일 국민은 전쟁 중에도 그리고 종전 후에도 정해진 이상의 나무를 베어 쓰지 않았다. 배가 고프더라도 나무를 베어 팔아 그 배를 채워서는 안 된다는 사고방식이 대를 잇고 있기 때문이다.

독일을 점령한 영국 군대는 자신들의 눈을 의심했다. 본국에서 볼 수 없는 울창한 숲이 전국을 뒤덮고 있었다. 특히 전시에는 나무의 용도가 만능의 경지에 이른다. 영국군은 독일의 나무를 마구 베어 썼다. 승전국의 특권이다. 그러나 패전국 독일 국민도 가만히 있지 않았으며, 국제사회에 이를 알렸다. 독일 국민이 격분하고 있다는 소식을 접한 영국 여왕은 즉시 이런 행위를 중단시켰다. 독일 국민은 지금도 교과서대로 나무가 자란만큼만 목재를 수확한다. 정성껏 나무를 심고 가꾸어 지금도 울창한 숲을 가지고 있는 것을 제일 큰 자랑으로 여기는 것이다. 그리고 그들은 세계 2~3위의 경제대국의 위치를 굳건히 지켜가고 있다.[37]

영국은 오래전에는 섬 전체가 숲으로 덮여 있었다. 그러나 산업혁명을 주도하면서 나무를 베어 제철공업을 부흥시켰고, 나무를 벤 자리에는 목장을 만들어 양을 키워 방직공업을 활성화시켰다. 산업혁명이 계속되다 보니 산림면적이 국토면적의 4% 선으로 줄어들었다. 이때 위기가 왔다. 때마침 두 차례의 세계대전을 치르면서 극심한 목재 부족에 시달리게 된 것이다. 후회한들 소용이 없었다.

영국 정부는 2차 대전이 끝난 후 거국적인 조림사업에 착수했다. 전쟁을 마치고 귀국하는 군인들의 일자리 창출과도 맞물려 효과는 배가 되었다. 산골에 주택, 학교, 병원을 신축하여 이들에게 정착촌을 제공하고, 교육을 통해 전문적인 조림작업단을 편성하여 대규모 조림사업을 시행한 결과 세계적인 모범 조림국가가 되었다. 영국은 한때 세계를 호령하던 나라다. 조선造船 왕국으로 바다를 제패하던 그때다. 그때는 바로 영국 전체가 숲으로 덮여 있어서 무한한 목재를 제공받던 때다. 한때 쇠퇴의 시기를 걷기는 했지만, 영국은 이제 다시 세계 5대 강국의 위치를 지키게 되었다. 산림면적이 16% 이상으로 늘어난 시기와 같다.[37]

미국은 방대한 국토면적에 걸맞게 열대림에서부터 한대림까지 다양한 형태의 숲을 보유하고 있으며, 그 천혜의 아름다운 자연을 잘 지키고 있는 국가로 유명하다. 유럽이 천 년 이상의 역사를 거치면서 인구 증가와 전쟁으로 숲이 대부분 파괴된 반면에, 미국은 300년 남짓한 짧은 개척역사를 통해서 유럽에서 겪은 시행착오를 일찌감치 차단했다.

1850년대 서부 개척시대 초기에는 서부지역의 원시림을 대규모로 벌채하기도 했지만, 곧이어 자연파괴를 막기 위하여 1872년 세계에서 제일 먼저 국립공원제도(옐로우스톤 국립공원 지정)를 도입했다. 그 이후 서부지역의 원시림을 강력한 자연보호법으로 보존하고 있다. 20세기 초 대공황이 왔을 때 고용 창출을 위해 국가가 대규모 조림을 이끌기도 했다. 미국은 현재 세계에서 목재를 가장 많이 생산하면서 가장 많이 소비하는 국가다. 이에 걸맞게 임학에 대한 교육과 연구에 많은 투자를 하고 있어 독일을 대신해서 21세기의 세계 임학을 이끌어가고 있다.

요즘은 주로 목재회사가 큰 규모의 사유지를 소유하면서 대규모 조림을 주도하고 있다. 즉 동남부지역에서 농사를 짓다 버려진 드넓은 평야에 생장이 빠른 남부소나무를 심어 펄프용으로 수확하고, 건축용재는 주로 동부의 아팔라치아산맥과 서부의 록키산맥 주변에서 생산한다. 국민과 환경단체의 여론에 따라 국유림에서는 천연림의 벌채가 금지되고 있다. 예전부터 민간단체에 의한 나무와 숲 사랑 운동이 활발하게 이루어졌으며, 네브라스카 주는 1872년 세계 처음으로 식목일을 지정하기도 했다.[37]

미국은 세계에서 목재를 가장 많이 생산하고 가장 많이 소비하는 국가이지만, 아름다운 숲과 자연을 잘 보존하고 있다. (워싱턴 주 마운틴 레이니어 국립공원)

일본은 나무 생장에 유리한 따듯하고 다습한 기후조건을 가지고 있는 나라다. 특히 그들은 숲과 나무 이용에 대한 오랜 고유문화를 가지고 있어서 산림을 잘 보존하고 있다. 20세기 초 인구 증가와 자국 산업이 발달하면서 일부 지역의 산림이 파괴되었던 역사도 가지고 있지만, 당시 조선시대의 헐벗은 한반도에 비교하면 훌륭한 숲을 지속적으로 유지하고 있었다.

일제강점기에 일본인들이 조선에 와서 한국인을 무시하게 된 동기가 산에 있는 나무를 마구 베어가는 국민성을 얕잡아 본 데 있었다고 한다. 일본은 2차 세계대전에서 패망한 직후에 경제적으로 매우 어려운 시절을 겪었다. 그러나 온 국민이 단합하여 준법정신을 살려 숲을 잘 지켰다. 선진국으로 가려는 국민의 마음에는 나무와 숲을 사랑하는 아름다운 국민성이 항상 내재해 있었으며, 결국 일본은 역경을 딛고 경제대국으로 성장할 수 있었다.

일본은 삼나무와 편백처럼 꺾꽂이가 잘 되고 목재 가치가 큰 수종을

일본의 삼나무는 꺾꽂이로 번식시켜 자라는 속도와 모양이 서로 닮은 쌍둥이 같아서 독특한 아름다운 숲이 된다.

품종으로 개발하여 대규모로 심어 조림사업을 활성화함으로써 지금의 아름다운 인공림을 유지하고 있다. 세계에서 열대 목재를 가장 많이 수입하여 열대림 파괴를 부추긴다는 비난도 있지만 자국의 목재생산규모도 매우 크다. 잦은 지진에 대비하여 모든 국민이 목조주택을 고집하기 때문에 목재의 가치를 일찍 깨닫고 오랫동안 나무와 숲을 현명하게 관리해온 전통이 아직도 살아 있다.[37]

아무래도 우연은 아니다. 세계적으로 잘사는 나라들이 좋은 산림을 가지고 있는 것만은 틀림없다. 그러면 잘살기 때문에 좋은 산림을 가지게 된 것일까? 아니면 좋은 산림이 있기 때문에 잘살게 된 것일까? 어쨌든 잘사는 것과 푸르른 산림은 뗄 수 없는 관계를 맺고 있음을 알 수 있다. 지난 50년간 지구상에서는 65만km²가 사막으로 변했다. 남한 면적의 6배가 넘는 면적이다. 2011년 유엔환경계획(UNEP)에 의하면 1970년대에 연간 1,600km²씩, 1980년대에 2,100km²씩, 1990년대에 3,560km²씩, 2010년대에는 6만km² 씩 사막이 늘어나고 있다고 한다. 최근에 와서 사막화가 급속화 되고 있음을 알 수 있다. 즉, 세계적으로 육지면적 1억4천9백만km² 중 3분의 1인 5,200만km²에서 이미 사막화가 진행되었고, 매년 서울 면적의 100배인 6만km²가 사막으로 바뀌고 있다는 뜻이다. 사막이 확대되는 곳은 아프리카, 중국 등의 개발도상국뿐만 아니라 미국과 같은 선진국도 포함되어 있지만, 한국만은 예외다. 큰 다행이 아닐 수 없다. 얼마 전까지만 해도 홍수와 가뭄을 걱정하고 식량부족을 걱정하며 살아온 한국이다. 그러나 이제 한국도 살기 좋은 나라 대열에 합류할 조건을 갖추게 된 것 같다.

2021년 7월 유엔무역개발회의(UNCTAD)는 회원국 중 한국의 지위를 아시아 및 아프리카 '그룹A'에서 선진국이 소속되어 있는 '그룹B'로 격상시켰다. 이는 1964년 이 회의 설립 이후 57년 만에 있는 최초의 사례로서 한국이 이제는 공식적으로 선진국에 속한다는 선언에 해당한다.

그 밖에 공식적인 기구는 아니지만 '30-50클럽'이란 것이 있다. 1인당 국민총소득(GNI)이 3만 달러 이상이면서 인구가 5천만 명 이상 되는 국가를 칭하는 말이다. 이 클럽에는 작년까지 미국, 영국, 독일, 프랑스, 이탈리아, 일본의 여섯 국가가 속해 있었는데, 이제 한국이 가담하여 7번째 국가가 되었다. 식민지배를 받던 나라로는 처음이다.

이렇듯 한국은 이제 선진국 대열에 합류한 셈이다. 모든 선진국은 울창한 숲을 가지고 있어 마치 선진국의 구비조건 중의 하나처럼 되어 있다. 한국은 지난 반세기만에 산림녹화를 완성함으로써 선진국 자격을 갖추게 된 셈이다.

제3장

해방 후 첫 공화국

:: 첫 식목일 행사

1945년 해방이 되었다. 미국 군정청은 나무심기의 중요성을 인식하여 4월 5일을 식목일로 제정했다. 조선조 성종이 세자와 문무백관을 거느리고 동대문 밖 선농단先農壇에서 직접 풍년제를 지내고 친경(親耕, 임금이 직접 쟁기로 농사를 지음)을 한 날이 4월 5일이었던 데에서 유래한 것이었다.

식목일 제정 후, 1949년 4월 5일 제4회 식목일 행사에 대한 기록이 소상히 남아 있다.[27] 이승만 대통령과 김구, 김규식 등이 참석하였고, 장소는 서울 한남국민학교에서 거행되었다고 한다. 당시로는 식목일 행사가 정치적 의미까지 가지고 있었던 것 같다. 그래서인지 아침부터 진눈깨비가 내리는 스산한 날씨였는데도 불구하고 정부 요로의 인사들, 서울 시민, 산림공무원 등 수백 명도 꼬리를 물고 행사장으로 향했다. 주

초대 이승만 대통령은 매년 식목일 행사에 참여했지만, 그의 산림정책은 의욕만 앞설 뿐, 가난과 예산부족 등 경제·사회적 여건으로 인해 효과를 거두지 못했다.

요 참석인사들은 이런 말을 했다.

이승만李承晚 대통령은 "우리 삼천만 동포는 힘을 합쳐 황폐한 산림을 녹화하고 정성들여 가꾸어 하루 빨리 금수강산의 옛 모습을 찾아야 하며, 이를 위하여 우리 다 같이 손을 들어 맹세합시다."라고 연설했다.

김구金九 선생은 "우리가 살고 있는 이 강산은 말 그대로 금수강산입니다. 산 좋고 물 좋고 살기 좋은 고장입니다. 일본 제국주의자들이 야망과 무력으로 침략하여 땀 흘려 지어놓은 쌀을 약탈해 가고 백두산의 울창한 원시림을 마구 벌채해서 (중략) 이세 일본이 패망하였으니 우리 백의민족인 동포끼리 산을 잘 가꾸어 나가야 합니다."

김규식金奎植 박사는 "중국은 황하를 다스리는 사람이 지도자가 되어야 한다고 합니다. 우리나라의 치산치수를 위하여 지도자들은 힘을 많이 경주해야 하며, 또 전 국민이 협력해야 합니다. 식목일에만 법석대지 말고 긴 안목으로 보고 꾸준히 노력해야 합니다."라고 했다.

어느 누구도 "정부가 이렇게 할 터이니 국민도 저렇게 도와주십시오." 하는 말은 없다. 국민이 해야 할 일만 강조하고 있다. 미래에 대한 정부의 청사진이 없다는 뜻이다. 식목일 행사가 정치행사였음을 실감하게 하는 대목이다.

그날, 학교 주변과 학교 뒷산에 나무를 심었다. 웃지 못할 모습도 보인다. 식목 행사장에는 천막을 쳐놓고 참석자들에게 점심 때 나누어줄 빵을 준비해두었다. 그런데 12시가 되기 훨씬 이전에 나무를 심던 시민들이 천막으로 모여들었다. 순식간에 천막은 무너지고 수북이 쌓아둔 빵 봉지는 동이 났다.[27] 무질서한 광경이었으나, 이러한 경험이 공무원들에게는 귀중한 학습효과로 작용했던 것 같다. 그 후의 나무심기에서는 밀가루나 옥수수를 질서정연하게 나누어 주었다는 기록이 자주 보인다.

1948년에는 정부 조직법이 제정되었는데, 이때 관련 비화를 하나 소개한다. 당시 우리나라는 미국 군정을 거치면서 정부 조직도 당연히 미국 체제를 많이 따르게 되었다. 각 부 명칭 중 농무부農務部 역시 미국의 농무성을 본떠서 명명하기로 합의되어 있었는데, 마침 윤길중尹吉重 의원 (후에 국회부의장을 역임)이 뒤늦게 임업의 중요성을 깨닫고 이미 통과된 법안을 몰래 빼돌려 무務자 대신 림林자로 바꾸어 적어 넣었다는 것이다. 이런 거사(?)가 탄로 나지 않았던지, 무사히 농림부農林部로 명명되었다고 한다. 당시 국토의 67%를 차지하는 산림업무의 주관부서가 비정상적인 방법으로 명문화되기는 하였으나, 떠돌이 신세가 된 것보다는 다행이라는 생각이 든다.[37]

:: 이승만 대통령의 안간힘

대한민국 초대 이승만 대통령은 위정자로서 임업이나 산림녹화에 대해 관심이 많았던 것으로 보인다. 그러나 6.25전쟁이 발발하고 경제·사회적 여건이 나빠져 정책을 제대로 집행할 수 없었으며, 운도 없었던 것 같다. 수도 없이 새로운 조림사업을 구상하고 수정하여 실시했으나 그 성과는 적었다. 우선, 조림 및 사방사업 10개년계획(1948-1957)을 추진했다. 이듬해에는 제1차 민유림조림 5개년계획(1949-1953)을 세웠다.[25] 사방사업에도 힘썼는데, 예산 부족과 행정체제의 미비로 인해 제대로 감독이 이뤄지지 않아 실효를 거두지 못했다.

부산 피난정부 시절에는 '산림보호임시조치법'(1951년)을 제정했다. 전쟁 중 무정부 상태에서 도벌이 성행하고 산림황폐가 가속화되자 조치를 내린 것인데, 일정지역을 보호림구로 설정하여 입목벌채를 금지하고, 산림직에 사법경찰권을 부여하고, 군 헌병대에 산림보호촉탁제를 실시했다. 그러나 재원과 행정력 부족 등의 애로에 봉착하다 보니 계획이 제대로 집행되지 못하였다. 이 법에 대한 한 가지 긍정적인 평가는 공법인에 해당하는 산림계山林契를 부락별로 조직하여 주변의 산림을 보호하고, 산주山主가 조림을 수행할 수 없을 경우 산림계가 대행할 수 있게 만들었다는 점이다.[25]

단기속성녹화조림 3개년계획(1952-1954), 생울타리조성 5개년계획(1952-1956), 산지사방사업 5개년계획(1953-1957), 재해복구산지사방사업 3개년계획(1953-1955), 제2차민유림조림사업 10개년계획(1954-1963)도 세웠다.[25] 한국전쟁 중에 UNKRA(유엔한국재건위원회) 원조사업으로 시작된 것인데, 온돌방 등의 땔감이 워낙 부족해지자 연료 확보방안을 모색한 것이었다. 당시 노임 대신 밀가루를 배급해서 '밀가루 사방'이라는 별명이 붙기도 했

1950년대 국내 목재자원은 부족했지만, 강원도 정선군 함백산 국유림에서 채취한 철도침목용 목재는 상당히 직경이 컸다.

다. 이 사업은 한국정부 출범 이후 연료림 조성의 효시가 되었다는 데서 의미를 찾을 수 있겠으나 큰 성과는 올리지 못하였다. 1956년 당시 산림황폐 면적은 686,230ha로 기록되어 있다.[28]

미국의 원조로 새로운 녹화사업도 벌였다. 미국국제협력처[ICA]가 한국전쟁 종료부터 한국의 전후 복구사업을 지원했는데, 1957년 제1차사방사업 5개년계획(1957-1961)과 1958년 상류수원지 토양 및 용수보전사업(1958-1967)을 수립했다.[25] 산에서 토사유출을 막기 위하여 상류 수원지에 미국에서 도입한 풀씨를 뿌리는 사업이었다. 1959년에는 다시 사방사업 5개년계획(1959-1963)을 세웠다. 위와 같이 이 대통령은 많은 사업을 계획했으나 큰 성과를 내지 못했다.

일제강점기부터 한국에서의 산지사방공법은 경사지에 수평 방향으로 단 끊기, 돌로 단 쌓기, 외부에서 가져온 흙으로 객토客土를 한 후 잔디를 입히는 줄떼공이었으나, ICA 고문단은 풀씨를 직접 뿌리는 미국식을 고집했다. 비용이 적게 들고 빠른 성과를 얻는다는 것이었다. 한국 기술자들은 대부분 이에 반대하는 의견을 갖고 있었고, 서울대학교 현신규 박사가 앞장서서 이의 부적절성을 역설하였지만 받아들여지지 않았다.[36]

미국 풀씨는 오리새orchard grass, 능수귀염풀weeping love grass, 지팽이풀switch grass, 왕포아풀Kentucky blue grass, 개미털fescue 등으로 구성되어 있었는데,[36] 요즘 골프장의 그린을 만드는 데 주로 쓰이는 초종들이다. 첫해에는 비료 성분을 첨가했기 때문에 싹이 잘 돋아났지만, 이후 가뭄과 양분 부족으로 죽어버리는 문제점이 있었다. 미국에서 개량한 풀씨가 한국 기후와 토양에 적응하지 못한 사례였다. 이 사업에 따라 모두 100톤 정도의 종자를 뿌렸으나, 성과가 좋지 않아 곧 중단되고 말았다.[36]

미국은 세계 극빈 후진국에 식량을 지원하기 위하여 '공법公法 PL480호'를 제정한 바 있다. 이에 따라 한국전쟁 후에는 ICA를 통해서 황폐지 복구를 위한 녹화사업에 양곡을 지원했다. 녹화사업에 동원된 농민에게는 노임 대신으로 양곡을 주었는데, ICA 지원 양곡은 농촌의 유휴 노동력을 동원하는 데 결정적인 역할을 했다.

한국전쟁이 끝난 후에도 한국의 산은 계속 황폐화의 길을 걸었다. 인간의 도벌-남벌에 버금가는 파괴력을 지닌 송충이 때문이었다. 해방 직후 소나무숲에 대한 송충이의 피해는 비교적 완만한 증가세였다. 그러나 한국전쟁을 치르면서 산림이 전화에 시달리게 되자 1950년대 후반에 송충이의 피해가 급증하게 되었다. 후에 알려진 사실이지만, 숲이 황폐하여 토양이 건조해지면 송충이의 유충이 월동하는 데 더 유리해져서 피해가 급증하게 된 것으로 밝혀졌다.

1957~1961년에는 잦은 홍수로 재산과 인명 피해가 컸다. 5년간 홍수피해로는 인명피해가 1,300명, 농지유실이나 매몰이 199,000ha, 그리고 이재민이 22만 명에 달했다. 1950년대 후반 극도로 황폐한 산림 면적이 68만ha로 늘어났다는 기록으로 볼 때, 황폐한 산림과 재난의 밀

접한 상관관계가 쉽게 드러난다.

　이 대통령은 도시의 임산연료를 석탄으로 대체해야 산림녹화가 된다고 믿었으며, 석탄증산을 위해 1955년 영암선(경북 영주와 강원도 삼척 연결)을 준공하는 등 석탄증산사업을 장려했다. 이에 힘입어 십구공탄이 개발되자 이를 보급하면서 1958년 9월 1일 국무회의 의결을 거쳐 경인지구 도시 임산연료 반입금지조치와 20개 도시 아궁이개량사업 등을 벌였다.[47]

　그러나 이 대통령은 한 가지 잘못된 생각도 가지고 있었다. 이 대통령은 집권기간 내내 상당히 조림에 열정을 쏟았지만 그 결과가 제대로 나타나지 않자, 조림사업 자체에 회의를 가지게 된 듯하다. 기록에 의하면 국무회의에서 여러 번에 걸쳐 이를 표출했는데, 1958년 3월 11일 국무회의에서 "식목은 돈만 많이 들고 사실 효력이 적은 일이니, 사방砂防에 주력하라."고 지시하기도 했다.

　이승만 대통령 집권 말기인 1959년도에는 '연료림 조성 5개년계획'을 세우고, 경기도 시흥군 사당리에서 '사방사업촉진 전국대회'라는 이름의 행사가 열렸는데, 대통령과 미국대사 등 수천 명이 참석하는 등 정부 의지가 대단했다. 당시 우리나라 농가가 240만 호였는데, 1호당 0.5ha의 면적에 연료림을 만들어 가구당 연간 5톤의 연료가 공급되도록 하겠다는 것이었다. 이미 조성된 40만ha에 더하여 80만ha을 추가 조림할 계획이었는데 사업이 제대로 진행되지 못한 상태에서 1961년 군사혁명을 맞이했다. 그 후로 1965년까지 연료림 조성은 23만7천ha에 불과했는데, 그나마 군사혁명 정부의 의지로 실적이 좋아진 결과였다. 결국 이승만 정부는 산림녹화에 관심을 갖고 여러 가지 사업을 추진했고 미국의 지원까지 받았으나, 추진력 부진과 농민들의 생계형 남벌 등으로 대부분 실패로 돌아가고 말았다. 1960년 4.19 학생혁명 이후 새로운 정부의 윤보선尹潽善 대통령은 '국토건설사업'의 일환으로 사방사업

윤보선 대통령(사진 맨 왼쪽)은 국토건설사업의 일환으로 나무를 심도록 했으나 짧은 재임기간 동안 산림녹화에 크게 기여하지 못했다. 뒤쪽 민둥산이 애처롭다. (1961. 3. 1. 국토건설사업 착수기념식장)

을 시도했으나 곧 중단되고 말았다.

　당시의 참상 한 가지를 소개하고[27] 이승만과 윤보선 정부의 산림녹화 실태를 마무리한다. 1960년이니까 4.19 학생혁명이 나던 해이다. 농림부 산림국 김갑성金甲成 씨가 경남 함양의 지리산 관리소에 지장장으로 부임하게 되었다. 관리 면적이 2만ha 이상 되는데 직원이 2명이고 기동력이 전혀 없었다. 당시 도벌꾼들은 GMC 트럭에 나무를 싣고 잽싸게 달아나는데, 산림간수는 맨발로 쫓아가야 하는 상황이었다. 김갑성 씨는 상급 기관인 농사원에 간청하여 겨우 지프차 한 대를 배정받게 되었다. 그 이전까지는 지리산의 그 좋은 나무들이 도벌꾼들에게 완전 무방비로 노출되어 있었다는 얘기다.

　1961년 12월에 이곳에 새로 부임한 김사일金思日 씨의 이야기는 더 충격적이다.[27] 골짜기마다 숯 가마터가 있고 곳곳의 숯가마들은 이글이글 불꽃을 내뿜고 있었다. 하루에 압수한 숯 포대가 1천~3천 포대, 도벌꾼으로부터 빼앗은 톱, 도끼가 3가마가 넘었다. 더 기가 막힌 것은 압수해

지게는 높은 산까지 묘목이나 비료를 옮기기에는 더 없이 편리한 운송수단이었지만, 반대로 목재, 연료, 낙엽 운반을 도맡다 보니 산림파괴에도 악용된 양면성의 주인공이다.

서 산더미같이 쌓아두었던 숯 포대가 하룻밤 사이에 없어지기도 하더라는 것이다. 산 입구의 파출소나 지서 앞에 차단기가 있었기 때문에 경찰의 묵인과 협조 없이는 도벌목의 반출이 불가능했을 텐데도 이런 일이 버젓이 일어나고 있었다.

이승만 정부 12년간(1948-1960년)의 산림녹화를 숫자로 요약한다. 조림사업으로 총 105만ha에 모두 28억 그루의 나무를 심었으며, 총 19만ha에 사방사업을 실시했으나 실제 사방사업 대상 면적은 68만ha이었다.[28] 1950년대 산림의 임목 축적은 5.6m³/ha, 민둥산(무입목지) 비율이 57%이었다. 정권 말기 1961년 전국 산림의 임목 축적은 11m³/ha에 불과했는데, 이 숫자는 2020년도 공식적 임목축적인 165.2m³/ha에 비교하면, 당시 산에 서 있는 나무의 부피가 지금의 1/15 이하로 산이 극도로 황폐해 있었음을 알 수 있다.

▶ 1966년 3월 6일 경기도 광주군 동부면 당정리
이태리포플러 조림지를 찾은 박정희 대통령이 함박웃음을 짓고 있다.

제4장

5.16 군사혁명

:: 5.16 군사 쿠데타

1961년 5월 16일 군사 쿠데타가 발생했다. 정치적으로나 사회적으로 혼돈과 무질서에 휩싸여 있고, 배고픈 시절이었다. 1년 전에는 4.19 학생혁명이 일어났었다. 새 정부가 들어섰지만 사회적 혼란이 더 심해져 이를 수습하는 데에는 한계를 보여주었다. 강력한 통솔력을 가진 군부가 나서게 된 배경이었다고 말한다.

　그러나 왜 박정희朴正熙였을까? 그는 군 내부에서 한때 '용공'이었다는 치명적 약점을 지닌 사람이었다. 게다가 일본군 경력도 있다. 이렇듯 흠결을 갖고 있는 사람이 어떻게 장군이 되고, 어떻게 군 수뇌부의 신임을 받고, 왜 고급장교들의 추대를 받아 군사혁명의 지도자로 옹립되었을까?

여러 가지 이유가 있겠지만, 필자는 두 가지로 줄여서 말하고 싶다. 그의 통솔력과 청렴함이다. 그는 치밀하고 기획력이 있었으며, 대단한 통찰력을 가졌다. 매사에 공정하고 국가관이 뚜렷했으며, 동시에 통솔력을 갖춘 것이다. 둘째로, 청렴했으며 사심이 없었다. 영관과 준장 시절 그의 가족은 끼니를 걱정할 정도로 가난하게 살았다. 5.16 직후 육사 생도들의 지지 시위에서도 그 일면을 볼 수 있었다. 대통령이 된 뒤에도 자신과 친척의 이권을 추구하지 않고, 국익을 위해서 꾸준히 노력했기 때문에 후세에 '혁명'이라는 표현을 쓰는 사람들이 많아졌을 것이다.

미스터리가 또 하나 있다. 1960년 4월 19일 학생봉기로 인하여 사회 혼란이 급증하면서 박정희 소장이 쿠데타를 준비하고 있다는 소문이 군부 내에서 조금씩 흘러나왔다. 그런데 왜 대통령이나 참모총장이 사전에 이를 막지 못했을까? 당시 윤보선 대통령이나 장면 총리에게 이런 정보가 보고되었다는 기록도 있다.[44] 군부 내 특히 장성들이 박정희 소장의 리더십과 청렴함을 알고 있었고, 암암리에 이를 지지했기 때문일 것이라는 해석도 있다.

한양대학교 문리대학장 김병희金昞熙 교수(박정희의 대구사범학교 동기생)는 이렇게 회고했다.[45]

"박정희가 혁명 직후 친구로서 도와달라고 해서 최고회의 의장 사무실을 방문했는데 초라하기 그지없었다. 마치 야전사령관의 천막 같은 느낌이었다. 그가 앉은 의자는 길가에서 구두 닦는 아이들 앞에 놓인 나무의자와 조금도 다를 바가 없었다. 게다가 국산 담배 '아리랑'을 피우고 있었다. 나는 당시 최고급 '청자' 담배를 피우고 있었고, 양담배도 선물로 받아 피우곤 했다. 그 다음 내가 다시 찾아간 날 박정희는 10원짜리 냄비우동에 노랑무 서너 조각으로 점심을 먹고 있었다. 나는 그날 친구들과 함께 500원짜리 점심식사를 하고 온 터라서 양심의 가책을 받았다."

미국 서부 개척시대 어느 사막을 연상하게 하는 이곳은 1960년대 초 경기도 문산역 부근 광경이다. 당시에는 전국 어디서나 이처럼 벌거벗은 풍경과 나무를 베기 위한 고의적인 산불을 자주 목격할 수 있었다.

　당시 경호원이었던 육사 11기 이상훈 대위(후에 국방장관)의 증언도 이와 맥락을 같이 한다.[45] 전남 광주에서 열린 혁명지지대회에 참석한 박 의장이 호텔에 들었는데, 밤늦은 시간 화장실에서 양말을 빨아 줄에 널고 있는 장면을 보게 되었다. 박 의장도 계면쩍어 했다. 박 의장은 양말조차 여유가 없을 만큼 검소했다.

　1961년 10월 28일, 버거(Samuel Berger) 주한 미국대사가 박정희의 미국 방문 전에 국무부에 보고한 아래의 전문은 사심 없는 군사정부의 모습을 잘 보여준다.[45]

"군사정권이 들어선 지 다섯 달이 되었다. 이 정권은 권위적이고 군사적인 면에서 대외적인 인상이 다소 나쁜 면이 있긴 하지만, 정열적이고 성실하며 상상력과 의지력으로 꽉 차 있다. 이 정권은 일반 국민들로부터는 적극적인 지지를 얻지 못하고 있지만, 진정한 의미의 위로부터의 혁명을 시작하여 전면적이고 본질적인 개혁을 하고 있다. 전 정부에서 토의되었거나 구상되기만 했던 개혁 프로젝트들—은

행신용 정책, 무역, 실업자들을 위한 공공 공사의 확충, 탈세 대책, 농업과 노조 대책, 교육과 행정 부문, 복지(교도소의 개혁, 윤락녀 재활 정책, 가족계획 사업, 상이군경과 유자녀 지원) 등이 실천되고 있다. 많은 개혁은 긍정적이고 상당수는 미국의 충고를 받아들인 것들이다. (중략) 매점매석 행위, 뇌물, 정경유착, 밀수, 도벌, 군사물자 횡령, 깡패, 경찰과 기자들의 공갈 행위에 대한 군사 정부의 단속은 이미 효과를 내고 있다. 공산당의 침투 공작에 대한 사찰 활동과 반공 선전의 질과 양이 모두 증가했다."

1961년 11월 16일. 미국 케네디 대통령을 만난 후, 박정희 의장은 워싱턴 내셔날 프레스 클럽에서 연설했다. 그중 일부를 소개한다.[45]

"사회의 부패, 관료주의, 노동단체의 정치 개입, 언론이 매수되고 대중이 공산주의에 물들어 있으며, 이런 혼란 속에 고리채 사업자까지 횡포에 가세하고 있다. 나는 10여 명의 혁명 핵심 세력을 확장시켜서 약 220명의 청렴하고 헌신적인 동료들을 규합하여 혁명을 실시했다. 혁명 후 (중략) 우리는 긴급한 수로 공사와 조림 사업, 개간 사업에 착수하여 수만 명에게 일자리를 주었다."

해외에서, 그곳 언론을 상대로 연설을 하며, 어찌 보면 하찮은 일일 수도 있는 조림사업에 관해서까지 언급한 것을 보면, 그가 조림에 상당히 관심이 있었음을 짐작하게 한다.

: : 5대 사회악 척결: 도벌

1961년 5월 20일, 군사혁명 4일 후였다. 장경순張坰淳 장군이 군복을 입고 권총을 찬 5명의 영관급 장교의 호위를 받으면서 농림부 장관실로 들어왔다.[27] 서대문구에 있던 농림부 청사였다. 건물 옥상에서 제18대 농림부 장관 취임식을 가진 그는 즉석에서 이원한 조림계장으로부터 여러 가지 시행 중인 조림사업에 대한 보고를 들었다. 그리고 심종섭 산림국장을 호출하여 당장 농촌 1가구당 0.5ha의 연료림을 조성할 것을 명령했다. 사유지를 강제로 징발해서라도 강행하도록 지시하는 것이었다. 후에 강제징발조항이 삭제되기는 했다. 군사정부는 산림녹화를 위해서는 농촌의 연료 해결이 가장 급선무임을 처음부터 알고 있었으며, 지지부진하던 연료림 조성사업이 확실한 추진력을 얻게 되었다.[27]

군사정부의 발 빠른 송충이(솔나방의 애벌레) 퇴치 작전도 업적으로 남길 만하다. 당시 소나무 송충이 피해가 전국적으로 극심했다. 이에 서울대학교 임학과 신재상申載尙 교수가 송충이의 천적에 해당하는 병균을 찾아서 전국의 숲을 헤매고 다녔다. 수년간 연구 끝에 1957년 송충이의 몸을 딱딱하게 만들어 죽이는 백강균白殭菌을 발견하여 대량으로 증식시킨 후 숲에 방사하여 송충이의 피해를 줄이려고 했다. 요즘 말하는 천적을 이용한 친환경적 해충 구제방법의 선구적 도입이었다.

그러나 백강균이 누에에게도 심각한 병을 일으킬 것이라는 우려 때문에 잠업계의 엄청난 반대에 봉착하게 되었다. 결국 경기도 양평군의 한 잠업농가에서 공개적인 실험을 통해 누에에게는 이 병균이 전염되지 않는다는 것을 증명한 후에 농림부의 정식 허가를 받게 되었다. 마침 군사정부가 백강균의 대량 살포를 앞장서서 지휘함으로써 송충이 구제에 큰 성과를 보게 되었다.[37]

군사정부는 그들의 '혁명공약' 중에서 5대 사회악을 밀수, 마약, 도벌, 깡패, 그리고 사이비기자로 규정했다.[44] '도벌'을 5대 사회악 명단에 넣을 만큼 박정희는 정권 초기부터 산림황폐에 대한 각별한 관심을 가지고 있었다. 이에 따라 군사혁명 다음 달인 1961년 6월, 군사정부는 '임

1961년 5.16 군사혁명 직후 군부는 전국에서 깡패를 붙잡아 국민 앞에 심판을 받도록 했다. 또한 '5대 사회악'의 하나로 도벌을 지정하여 도벌꾼들을 일망타진했다. (1961. 5. 21.)

산물 단속에 관한 법률'을 제정했다. 이 법은 입산금지 조치의 강화와 함께, 임산물 단속과 각 기관별 의무조림제의 실시 등을 포함하는 매우 강력한 산림보호정책이었다.

이 법에 의하면, 국내 모든 임산물 생산과 반출을 중지시키고, '임산물 반출증제도'를 만들어 각 철도역에서 시장 군수의 임산물 반출증을 확인하도록 했다. 뿐만 아니라, 서울역에서 재차 단속을 하여 법이 철저히 이행되도록 했다. 또, 부정임산물을 운반하는 차량이 적발되면 자동차 등록을 말소시키도록 조치했다.

군사혁명 직후의 살벌한 분위기로 인하여 단속에 실제적 효과가 보였다. 그러나 더 약삭빠른 도벌꾼들은 벌채 허가량을 초과한 벌채, 자른 나무에 찍는 검인의 위변조, 반출증의 암거래 및 위조, 트럭 안쪽 깊숙한 곳에 검인 없는 나무 숨기기 등으로 불법을 저질렀고, 검문 경찰관과 결탁하기도 하여 도남벌이 즉시 근절되지는 않았다. 한편, 군사정권 초기의 임산물생산 전면중단 조치는 3개월 만에 해제되고 말았다. 이 조치로 인해 탄광 갱목용 목재까지 생산되지 않아 석탄 생산에 차질이 온다는 광산업계의 강력한 항의 때문이었다. 후에 알게 된 일이지만, 석탄 증산은 박정희 의장의 역점사업이었다.

:: 최초의 산림법 제정

1961년 12월 27일, 집권 7개월 만에 군사정부는 드디어 '산림법'(법률881호)을 제정했다. 우리나라 산림 관련법으로는 처음인 이 법의 제정은 매우 큰 의미를 갖는다. 해방 후 이승만 정부는 산림보호의 중요성을 잘 알고 있었지만, 산림법을 제정하지 못했고 한국전쟁으로 인한 산림피해를 막기 위해 1951년 '산림보호임시조치법'을 공포하는 데 그쳤다. 1961년 6월 군사정부가 급히 제정한 '임산물 단속에 관한 법률'은 임시적이고 부분적인 법이었다.

1961년에 제정된 산림법은 군사정부가 제정 공포한 법으로 임시법을 빼고는 네 번째 법이다. 그만큼 산림보호의 중요성을 인식하고 있었다는 뜻이다. 군사정부가 산림법보다 먼저 만든 법으로는 반공법(1961. 7. 3.), 수출조합법, 공업표준화법 이렇게 세 가지뿐이다. 집권자는 급한 법부터 만들며, 어떤 것이 급한가 하는 것은 집권자의 통치철학이다.

이번에 만든 산림법은 산림 전반에 관한 사항을 규정하고 다스리는 법으로써, 산림에 관한 한 모법母法의 역할을 하게 될 법이었다. 산림의 보호와 육성, 산림자원의 증진, 국토 보전 등으로 국민경제 발전의 밑거름이 되도록 하자는 목표하에 만들어졌다. 특히 연료림 조성을 위해 마을 단위로 산림조합의 말단조직인 산림계를 결성하도록 했는데, 이것은 후에 생겨난 새마을운동의 기본정신이었던 협동심을 배양하는 데 크게 기여했다. 산림법은 다음과 같은 내용을 담고 있다.

1. 황폐지 복구를 위한 사방사업, 연료림 조성, 구체적 산림보호 방안.
2. 무연탄 보급 확대 및 산림연료 소비 절약 방안: 인구가 많은 서울과 경인지구에 임산연료 반입을 금지하고, 무연탄 보급을 확대함.
3. 농촌의 아궁이 개량: 최소량의 나무를 때서 취사와 난방을 하도록 구조를 바꿈.
4. 땔감 확보 방안: 주민들이 협력하여 의무적으로 연료림을 조성하고, 연료림에서는 주민들의 연료 채취를 허용하지만, 다른 곳에서는 일절 금지시킴으로써 연료 채취의 질서를 확립함.
5. 산림조합 결성: 중앙에 산림조합연합회, 도와 시 군에 산림조합, 그리고 마을 단위로 산림계를 결성하여 산림사업(예: 연료림 조성)에 참여시킴.
6. 국유림의 경영, 영림서의 설치, 보안림과 채종림 지정 등에 관한 사항.

군사혁명 이듬해인 1962년 1월 15일 군사정부는 '사방사업법'을 제정 공포하고, 대규모 사방 조림을 위한 구체적 시행에 착수했다. 첫 단계가 묘목의 대량 생산이었다. 정부는 단기간에 많은 묘목을 확보하기 위하여 기존의 산림계를 이용한 양묘를 시도했다. 정부가 460명의 양묘전문가를 전국에 배치하고 파격적 수준의 보수를 지불하는 대가로 1인당 연간 아까시나무 묘목 100만~150만 본을 산림계를 통해 양묘해낼 것을 요구한 것이다. 연간 5억 본 이상의 아까시나무 묘목을 조직적으로, 단기간에 생산해내도록 작전계획을 수립한 셈이다.

당시 농촌은 연료 충당이 어려워지자 낙엽까지 모두 긁어가서 자양분을 잃은 땅은 더 빠르게 벌거벗은 산으로 변하고 있었다. 산림의 토양이 보통 나무가 자랄 수 없을 만큼 건조하고 척박했던 것이다. 그러나 아까시나무는 콩과식물로서 뿌리혹을 가지고 있어 공기 중의 질소를 질소비

척박한 땅을 비옥하게 만들어주고, 왕성하게 뿌리를 뻗어 토사유출을 막고, 연료림으로서의 역할까지 해주던 아까시나무는 반세기 동안의 소임을 마치고, 21세기에는 쓸모가 개발되지 않았다.

료로 바꾸어 줌으로써 토양을 비옥하게 만든다. 군사정부가 전문가들의 말을 경청하여 아까시나무를 대량으로 심는 것이 유일한 방법임을 깨달았던 것 같다. 당시 심은 엄청난 양의 아까시나무는 향후 40년간 전국의 산림토양을 꾸준히 개량해주었다. 아까시나무는 수명이 짧아서 50년이 고작이다. 그 이후로 아까시나무는 서서히 죽고 보다 비옥해진 산에 참나무와 다른 활엽수들이 자라 올라와서 요즘처럼 아름답고 울창한 숲을 이루게 된 것이다.

이런 대규모 조림 과정에서 묵과할 수 없는 사실이 하나 있다. 산림계를 부활시켰다는 점이다.[47] 산림계山林契란 산림조합중앙회의 각 도 지부 아래 있는 마을 단위의 계契를 의미한다. 이는 조선조부터 내려오던 마을 단위의 송계松契를 계승한 것으로서 일제강점기 1932년 해산 명령을 받기도 하였지만, 해방 후 재건되었다. 1951년 '산림보호임시조치법'에 의해서 공법인으로 설립 근거를 마련했으며, 1952년 말 현재 전국의 산림계는 21,570개, 계원 수는 200만 가구였으나, 송충이 구제사업에 산림계원을 동원하는 등 그 활동은 별로 활기를 띠지 못했다.

이러한 상황에서 1961년 산림계원을 양묘에 활용하기 시작한 것이다. 1962년에는 연인원 240만 명의 산림계원들이 동원되어 총 103만 kg의 종자를 채취했다. 그 이후 계속된 단기속성 사방조림계획(38만ha)이나 연료림 단기조성계획(46만ha)에 산림계원이 동원되어 많은 효과를 거두었으며, 드디어 이러한 협동정신에 힘입어 1971년 새마을사업이 시작되면서 새마을조림사업에도 산림계 조직이 앞장서게 되었다.[37]

:: 포플러 심기 운동

군사혁명 이듬해인 1962년에는 포플러 심기 국민운동이 전개되었다. 〈한국일보〉와 한국포플러위원회가 공동으로 전국 하천과 빈 땅에 포플러 심기 운동을 펼쳤으며, 서울대학교 현신규 박사가 도입하여 개량한 이태리포플러를 적극 장려했다.[36] 당시 〈한국일보〉는 남한강변에 포플러 단지를 조성하고 있었는데, 〈한국일보〉 장기영張基榮 사장은 사재를 털어 묘목을 사서 지방에 보내주는 등 개량포플러를 적극적으로 보급했다. 또 〈한국일보〉는 모금운동도 벌였는데 박 대통령은 1965년 2월 1일 성금을 보내면서 "이 운동은 경제개발 5개년계획의 일환으로 추진되는 산림녹화사업을 촉진할 뿐만 아니라, 가난한 농촌을 부흥시키는 첩경이 될 것"이라고 치하했다.

포플러 심기 운동은 장기영 씨가 경제부총리로 임명되면서 더 활발해졌다. 그는 1966년 3월 6일 일요일 오후 박 대통령을 직접 모시고 남한강변의 포플러 단지를 안내했다. 박 대통령은 쭉쭉 뻗은 나무들을 두 팔에 안아보고 흔들어 보고, 매달리기까지 하면서 무척 흡족해했다. "대성

우후죽순처럼 빨리 자란다는 이태리포플러는 조기녹화가 절실하던 1960년대에 버려진 하천 부지에 심겨 우리나라 국토녹화분 아니라 판재, 상자 등 목재용으로도 크게 기여했다.

공이오. 우리 국토에 쓸모없는 땅이 많으니 이런 속성수를 빨리 보급해서 수익성 있는 국토녹화를 해야겠소."라고 했다.[7] 당시 찍은 사진은 이 책의 표지사진으로 게재되어 있다.

　필자는 1962년 고등학교 3학년에 재학 중이었는데, 신문과 라디오에 헐벗은 산야를 녹화하는 데 생장이 빠른 포플러가 크게 기여할 것이라는 이야기가 자주 보도되었다. 당시 한국의 공업발전에 기여하고자 공과대학에 진학하려던 필자는 평소에 헐벗은 산림을 보고 가슴 아파하다가, 이때 뜻한 바 있어 남들이 별로 관심을 가지지 않는 임학林學을 전공하기로 결심했다. 필자는 부모님과 집안 식구들의 강력한 반대에 부딪쳤으나 결국 뜻을 굽히지 않고 서울대학교 임학과에 입학하여 현신규 교수의 지도를 받았다. 지금까지 50년간 산림녹화와 관련된 임학을 전공하면서 필자는 인생의 큰 보람을 느끼고 있다.

　1963년부터 산림조합중앙회는 산림조합을 중심으로 농가 1호당 이태리포플러를 100그루씩 심을 것을 권장하여, 가옥 주변, 하천 땅, 유수지, 공한지에 심었다. 포플러 심기 운동은 농촌에 협동농장의 개념을 도입하는 계기가 되었다. 공동으로 양묘하고 판매하여 마을기금을 만들었다. 1967년 박 대통령은 240만 원의 하사금을 보냈는데, 이 자금으로 전국 17개소에 총 15만 본의 포플러를 심었다. 이 중에서 충북 청원군 강외면 궁평리는 미호천 둔치에 1만4천 본을 심어 가장 모범적인 조림지로 알려졌다. 충남 부여군 부여읍 군수리는 16만 원의 하사금으로 금강천 부지에 1만 본을 심었는데, 후에 목재판매 수익(417만 원)으로 '군수리 포플러장학회'를 만들어 국내 제1호 포플러장학회를 설립했으며, 주로 고등학교에 진학하는 학생들의 장학금으로 쓰였다.[31] 1970년까지 하천 부지 등에 전국적으로 2천만 그루를 심었으며, 그 후 포플러장학금에 힘입어 마을마다 포플러를 적극적으로 심은 결과 1985년까지 전국에 개량포플러가 73만ha에 심겼다. 정말 엄청난 양이었다.

그러나 세월이 흐르자 하천에 심은 포플러가 홍수 때에 강물의 흐름을 방해하고 범람하게 한다는 민원 때문에 그 후 하천법이 바뀌어 더 이상 포플러를 심지 못하게 되었다. 지금은 값싼 중국산 포플러 목재가 국내시장을 점유하고 있다. 포플러의 목재는 단단하지 않아 건축용재로는 쓰이지 못한다. 그러나 판재, 과일 및 생선 상자, 1회용 도시락과 젓가락, 빙과류의 꽂이 등으로 널리 사용되고 있다.

같은 해인 1962년, 군사정부는 단기속성 사방조림계획(1963-1964년)을 수립했다. 2년 사이에 38만ha의 민둥산에 조림을 완성한다는 야심찬 계획이었는데, 자재값과 기초공사비만 정부가 부담하고 노력동원은 지역 산림계원들을 동원하도록 했다. 이에 필요한 부역賦役을 합법화하기 위하여 1963년 2월 '국토녹화촉진을 위한 임시조치법'을 공포했다. 이 계획에 따라 산림계원을 동원한 전국적 종자 채취가 이루어졌는데,

1962년 한 해에 아까시나무(142,000kg), 싸리(378,000kg), 일반 초류(461,000kg), 콩과식물(54,000kg) 등, 총 103만5천kg의 종자를 채집했다. 사방조림은 1963~1964년의 2년간 산림계원 연인원 240만 명이 동원되어 37만4천 ha에 조림을 완료하였다. 이는 계획 면적의 98%에 달하는 실적이었다.

이 밖에도 군사정부는 1962년 1월 10일, 우리 문화의 중요성을 인식하여 '문화재보호법'을 최초로 제정하였다. 이를 근거로 하여 궁궐, 사찰, 명승지, 유적지, 마을의 고목, 명목名木, 수목 자생지, 수림 등을 천연기념물로 지정하여 보호함으로써 수목과 산림보호에 기여하게 되었다. 또, 1961년 7월 군사혁명 직후 6.25전쟁으로 부서진 국보 1호 숭례문을 우선 복구하도록 지시하여 1963년 5월에 준공시켰다.

공개되지 않은 사건 하나를 소개한다.[36] 1962년 7월 18일 미국 의회에서 한국에 대한 원조를 삭감하자는 안건이 상정되었다. 4.19와 5.16 등의 사건으로 정정이 불안하고 뚜렷한 경제발전도 없는 상황에서 10년이 넘도록 한국에 원조를 계속할 필요가 없다는 것이었다. 이때 위스콘신 주 출신 상원의원인 와일리Alexander Wiley 씨가 한국에 대한 원조가 헛된 것이 아니었다며, 서울대학교 현신규 박사가 개발한 리기테다소나무가 미국의 산림을 푸르게 하고 있다는 내용의 연설을 했다. 원조 삭감안은 부결되었다. 이러한 사실이 당연히 박정희 의장에게 전달되었으며, 이로 인하여 박 의장은 현 박사를 특별한 눈으로 보게 되었을 것이다.

그 다음 해인 1963년, 박 대통령은 현신규 박사를 제2대 농촌진흥청장에 임명했다. 현 박사는 당시 한국임학회장을 맡고 있는 임학계의 중진이었지만, 임학을 전공한 사람을 농촌진흥청장에 임명하는 것은 매우 예외적이었다. 와일리 상원의원의 발언이 약간의 영향을 주었을지도 모르겠다. 아니, 앞으로 전개될 혼신의 산림녹화 운동을 예고하는 인사였을 수도 있겠다. 아무튼 그 후 현 박사가 농촌진흥청장에서 물러난 뒤에

A5500   CONGRESSIONAL RECORD — APPENDIX

What Foreign Countries Can Do for Us

EXTENSION OF REMARKS
OF
HON. ALEXANDER WILEY
OF WISCONSIN
IN THE SENATE OF THE UNITED STATES
Wednesday, July 18, 1962

Mr. WILEY. Mr. President, for a long time, the United States has been supporting programs for assistance to other nations.

The best kind of relationships between ourselves and such recipient countries, however, requires a two-way—not a one-way—street for interchange of ideas, goods, and other values.

WONDER PINE TREE FROM KOREA

A Korean forestry expert, Dr. Sin Kyu Hyun, has developed a remarkable new hybrid pine tree—from pitch and loblolly pines—at the Korean Institute of Forest Genetics in Suwan. It grows rapidly and produces an excellent quality of wood. Most important, it prospers in a cold climate, unlike most of our commercial southern loblolly pine.

The U.S. Forest Service is giving the new pine tree extensive field tests in Illinois. It may revolutionize our northern woods.

1962년 7월 미국 상원에서 한국 원조를 삭감하자는 안건이 제출되었다. 이때 와일리 의원이 현신규 박사가 개발한 신품종 리기테다소나무가 미국 북부지방의 불모지를 녹화하고 있다는 사실을 공개하며 한국 원조가 헛되지 않았음을 강조했다. 원조삭감 안건은 결국 부결되었다.

도 박 대통령은 계속 산림녹화에 대해 현 박사의 의견을 경청하고, 자동차를 선물하는 등의 특별한 관계가 계속되었다.[36]

제5장

젊은 시절의 박정희

: : 대구사범학교 시절

국가지도자가 되기 전의 청년 박정희는 어떤 모습이었을까? 젊은 시절 박정희의 활약은 눈에 띄지는 않았지만 지도자의 소질이 숨어 있었던 것 같다. 학창 시절 손수 쓴 시가 몇 편 남아 있는데, 당시 문학적 자질을 크게 보여주지는 않았다. 그러나 박정희는 평생 동안 일기장에 여러 편의 시를 남길 만큼 문학에도 관심을 가졌다.[43] 수학 같은 이과 과목도 잘하고, 사회나 역사 같은 문과 과목도 잘했다는 대목이 눈에 띈다.[44] 이성과 감성이 고루 발달한 것 같다는 인상을 준다.

아무튼 청년시절의 박정희는 자신의 갈 길을 찾기 위해서 국가관이나 애국심을 발휘할 기회가 없었던 한 사람의 소시민이었고, 한때는 용공 딱지가 붙을 만큼 군인정신이 투철하지도 못했고, 탈 없는 군대생활

소를 키우던 외양간이 아니었을까 싶을 만큼 초라한 이 집에서 박정희가 태어났다. 경북 선산군 구미면 상모동이다. 그는 배고픈 농민들의 애환을 잘 알고 있었다.

을 위해 '관례'라는 불법으로부터 자유롭지 못했던 군인이었던 것 같다. 물론 그는 부하들을 배려하는 마음이 컸고, 개인의 사복을 전혀 채우지 않는다는 원칙에 철저하여 그에 대한 평판은 좋았으며, 장성으로 진급할 수 있었다.

박정희는 1917년 11월 14일 경북 선산군 구미면 상모리 모래실이라고 하는 금오산 산자락의 산골마을에서 태어났다. 낙동강이 저 멀리 내려다보이는 곳이었는데 가난한 농가의 5남 2녀 중 막내였다. 찢어지게 가난한 농촌에서 태어났지만 어머니와 형제들의 극진한 사랑을 통해서 건전한 가정교육을 받을 수 있었다. 1926년 구미읍에 있는 구미보통학교에 입학하여 6년간 왕복 16km를 매일 걸어서 다녔다. 더욱이 체격이 남보다 작았던 박정희 소년에게는 만만한 거리가 아니었을 것이다.[15]

그는 3학년부터 최우등생이어서 자동으로 급장(지금의 반장)에 뽑혀 졸업할 때까지 급장을 맡았다. 통솔력이 눈에 띄었으며, 야무진 곳이 있어 '대추방망이'라는 별명을 얻었다고 한다. 암기력이 뛰어나서 산수, 지리, 역사 과목에서 두각을 나타냈다. 1931년 6학년이 되던 해 〈동아일보〉에 연재되기 시작한 이광수의 소설 「이순신」을 읽었다. 구미읍에서 일하고 있던 셋째 형이 신문을 보내주었던 덕분인데, 어린 소년의 인격 형성에 큰 영향을 주었으며, 아마도 후에 군인의 길을 걷게 되는 계기를 마련해주었는지도 모른다. 그는 말수가 적어 친구들을 많이 사귀지는 못했지만 총명하고 냉철했으며, 사색적 성격을 가지고 있었다.[15]

학교 등굣길 도중의 사곡동 뒤 솔밭 길은 나무가 무척 우거져서 가끔 늑대가 나타날 정도였으므로 혼자서는 다니지 못했었다. 그런데 해방 후에 고향에 가보니 무슨 일인지 나무 한 그루 없이 싹 벌목이 되어 벌거 숭이산이 되어 있음을 발견했다. 청년 박정희는 그리도 안타까워했다.

1932년 구미보통학교를 졸업하고 상모리에서는 처음으로 대구사범학교에 입학했다. 5년 동안의 재학 기간 중에 월사금을 제대로 내지 못해 장기 결석을 한 적도 있었다.[15] 그가 사범학교 시절 조국의 산림에 대하여 어떤 생각을 가지고 있었는지 잘 알려져 있지는 않다. 다만, 3학년 때인 1934년에 금강산으로 수학여행을 다녀왔는데, 이때 남겼던 한 편의 시가 청년 박정희의 국토와 나무 사랑을 조금 보여주고 있을 뿐이다.[15]

금강산 일만이천 봉, 너는 세계의 명산!

아! 네 몸은 아름답고 삼엄森嚴함으로 천하에 이름을 떨치는데

다 같은 삼천리강산에 사는 우리들은 이같이 헐벗었으니

과연 너에 대하여 머리를 들 수가 없구나!

금강산아, 우리도 분투하야 너와 함께 천하에 찬란하게……

온정리에서 정희 씀

박정희는 1935년 4학년 시절 〈동아일보〉에 연재되었던 심훈의 소설 「상록수」를 읽었다고 한다.[15] 주인공이 일제 치하에서 독립운동 대신 은밀하게 농촌재건운동을 펼치는 이야기를 담은 소설이다. 박정희가 대통령이 된 후, 유난히 농민들 걱정을 많이 하고 금수강산을 되찾

박정희는 대구사범학교를 졸업하고 1937년 경북 문경 공립보통학교(지금의 초등학교) 교사로 부임했다. 월사금을 못 내는 가난한 학생들의 등록금을 대신 내주기도 했다.

겠다는 강한 의지를 보인 데에는 그가 읽은 「상록수」의 영향도 적지 않았을 것 같다.

: : 1군사령부 참모장의 나무 사랑: 후생사업 척결

박정희는 일제 말기 일본 육군사관학교를 졸업하면서 해방을 맞았다. 그는 다시 한국 육사에 입학하였고, 한국전쟁을 치른 후 1953년 11월 준장으로 진급했다. 1954년 1월부터 6개월간의 미국 유학을 다녀왔으며, 1954년 10월 광주 포병학교장으로 발령을 받았다. 그는 부임하자마자 교장실 입구에 있던 두 그루의 버드나무를 뽑아버리고 그 자리에 소나무를 심었다. 교육총본부 총장인 유재흥 중장이 시찰 나와서 "근사하게 보인다."고 말하자 박 준장은 "버드나무의 축 늘어진 모습이 군인의 기상과는 맞지 않는다고 생각해서 대신 쭉 뻗은 소나무로 갈아 심었습니다."고 답하였다. 그 뒤 유 총장이 다시 시찰을 갔을 때인데, 잎이 빨

갛게 마른 소나무가 베어져 한쪽에 쌓여 있는 것이었다. "어떻게 된 것인가?" 물으니, 박 준장 대답은 "토질이 맞지 않는지 실패했습니다."고 대답하니까 유 총장은 "맥아더 장군의 회고록에 군인은 나무를 자를 줄은 알아도 나무의 생리에 대해서는 모른다는 말이 있다."고 말해주었다.[44]

당시에는 부대에 소위 '후생사업厚生事業'이라는 것이 있었다.[44] 부대마다 암암리에 진행해오던 군부의 비리에 해당하는 사항이었다. 결혼한 장교들의 봉급이 워낙 적다 보니 생활보조 수단으로 군 트럭을 민간업자에게 대여해주고 대여료를 챙기거나 산에서 나무를 베어 장작을 시중에 파는 사업이었다. 이 트럭은 주로 산에서 나무를 자르는 벌목업자들이 빌려가곤 했는데, 박 준장은 이 수입을 장교들에게 공개적으로 공정하게 나누어 주었다. 트럭 임대료는 장작으로 받을 경우도 있었는데, 박 준장은 이 장작을 연병장에 쌓아 놓고 배분비율을 정해서 장교들이 월동용으로 가져가도록 했다. 부하들이 끼니를 걱정하고 있는 한, 박 준장에게도 자연보호는 차순위였던 것 같다.

그 다음해인 1955년 7월 14일, 박정희 장군은 제5사단장으로 발령을 받았다. 이 부대에서도 사단 지역 내 산에서 나무를 베어 후방에 팔아 장교생활에 보태는 후생사업을 하고 있었다. 정부에서는 산림도벌 엄단 방침을 세웠지만, 박봉에 시달리는 장교들의 사정 때문에 지방정부의 산림담당자도 이를 막지 못하고 있었다. 다만 나무를 자를 때 그루터기를 바짝 잘라서 보이지 않게 은폐하도록 요청하는 정도였다. 박 사단장도 어쩔 수 없이 바짝 자르라고 지시하였다. 재미있는 것은, 후에 대통령이 되어 군부대의 산림녹화사업 동참을 독려할 때, "군부대가 과거에 산림을 많이 훼손했으니 나무를 많이 심어 보은하라."고 강조했다는 점이다. 아마도 이러한 사고방식은 군 시절 어쩔 수 없이 '후생사업'에 참여할 때부터 가지고 있었던 것이 아닌가 생각된다.

박정희가 군 사단장 시절에 나무의 생명력에 탄복한 일이 있었다. 각 부대를 순시하는 길에 플라타너스 가지를 지팡이 삼아 짚고 다니다가 아무데나 꽂아두었는데, 나중에 우연히 그 자리를 지나다 보니 거꾸로 꽂힌 지팡이에서 새싹이 돋은 것이었다. 이 일화는 고건高建 전 국무총리가 1970년대 내무부 새마을담당관으로 산림녹화 업무를 맡아보던 시절에 대통령으로부터 들었다고 한다. 플라타너스의 생명력에 감탄한 대통령이 파안대소할 때 입안의 덧니를 보았던 기억이 생생하다고 했다.

1958년 3월, 육사 2기생 중 가장 먼저 소장으로 진급한 박정희는 같은 해 6월 17일 1군사령부 참모장으로 발령받았다. 송요찬宋堯讚 중장이 1군사령관으로 부임해 가면서 박정희 소장을 발탁한 것이다. 1군사령부는 원주에 있었는데, 송 중장은 야전군의 안살림을 박정희 소장에게 맡기고 자신은 대외활동에 치중하였다. 활달하고 추진력 좋은 송요찬 장군이 내부 일을 전적으로 맡길 인물로 박정희 소장을 오랫동안 눈여겨두었던 모양이다. 치밀하고 기획력이 출중한 박정희와 호탕하고 잘 밀어붙이는 송 중장이 서로 잘 맞았고, 이런 여건하에서 박정희 소장도 자신의 특기를 십분 발휘했다. 이때 박정희 1군참모장은 산림녹화와 관련된 두 가지 큰 업적을 남긴다.[44]

첫째는 후생사업의 전면 중단이다. 국군 역사상 가장 큰 비리이면서도 척결하기 어려웠던 후생사업을 단호하게 중단시킨 것이다. 당시 우리 군은 야전군인 제1군과 후방군인 제2군 체제였으며 제1군이 우리 육군을 대표하는 군軍인만큼 우리나라 국군 전체에 대해 막강한 영향력을 갖고 있었다. 이러한 육군 제1군이 후생사업을 전면중단했다는 것은 전 군에게 후생사업 중단 명령을 내린 것이나 마찬가지의 파급효과를 가지는 것이었다. 공무원도 막지 못하던 군인들의 산림파괴를 박정희 장군이 단숨에 중단시켜버린 역사적 사건이었다. 박정희의 건의에 대해 송요찬의 결단도 시원스러웠다.

"전쟁에 써야 할 차량이 후생사업으로 폐차되고 있다니 어불성설이다. 이때 전쟁이 나면 어떻게 하는가? 30일 이내로 모든 차량을 원대복귀 시켜라."

10년 곪은 상처가 도려내지는 순간이었다. 이렇게 해서, 후생사업 목적으로 민간인에게 대여했던 군 트럭이 모두 회수되었다. 민간인들이 군 트럭을 이용해서 산림 벌채 혹은 도벌하던 관행이 사라지게 되었다는 뜻이다.[44]

둘째는 장작 사용 금지 조치이다. 당시 대부분의 군부대는 난방 취사용으로 장작을 사용했다. 자연히 군인들은 장작을 확보하기 위하여 연중 나무를 베어내서 군부대 주변의 산에서는 나무를 찾아볼 수가 없었다. 언론에서는 군인들을 '인간 송충이'라고도 부를 정도였고, 따라서 장교들은 항상 기자들의 눈치를 보는 형편이었다.

휴전 후 우리 군대는 막사 건설, 진지 구축, 전술도로 공사에 열중했다. 외부에서 자재를 지원받지 않고 거의 자력으로 이런 공사를 하자니 나무를 베어 쓸 수밖에 없었을 것이다. 이건영 사령관의 회고록에는 당시 군인들의 남벌실태가 이렇게 그려져 있다.[35]

"산골짜기에 스리쿼터 트럭을 세워 놓고, 차바퀴를 빼고 긴 피댓줄을 걸어 톱을 설치하여 즉석에서 제재를 했다. 야전삽에 날을 세우고, 곡괭이는 끌, 도끼, 까뀌 등으로 둔갑하여 훌륭한 목재공구로써 나무를 깎고 다듬는 데 쓰였다. 삽과 곡괭이는 너무 써서 원형마저 잃어버릴 정도였다. 철조망을 잘라서 못을 만들어 쓰고, 지어놓은 막사의 도배는 건빵 봉지와 담배갑을 이용하였다."

이러한 일들이 전방과 후방의 군부대 주변에서 자행되었던 산림파괴의 현장이었다. 이런 반국가적 범죄행위를 원천봉쇄하기 위하여 박정희는 난방 취사용 연료를 장작에서 석탄(조개탄)으로 교체했다.[44)]

　1960년 9월 박정희가 육군본부 작전참모부장에서 대구 2군 부사령관으로 밀려 내려갔다. 당시에 한국군 장성들은 주한 미군이나 대사관 사람들과 골프를 치고 파티를 즐기면서 그것으로 은근히 신분을 과시하는 경향이 있었다. 그러나 박정희는 달랐다. 5.16 군사혁명이 일어났을 때 AP통신이 '쿠데타의 리더 박정희 소장은 주한미군 장성들과 골프를 치지 않는 유일한 한국군 장성'이라고 타전했듯이 그는 별난 존재였다. 그는 미국 유학을 다녀왔지만, 한 번도 미국을 칭찬하는 말을 한 적이 없었다. 이 때문인지 박정희는 그 무렵 '미국을 싫어하는 인물'로 알려졌었다.

제6장

가난한 나라의 대통령

:: 국토녹화임시조치법

제5대 대통령 선거가 예정된 1963년의 연초인 2월 9일, 군사정부는 '청원산림보호직원 배치에 관한 법률'과 '국토녹화촉진을 위한 임시조치법'을 공포했다. 전자는 정부가 사법권을 가진 산림보호직을 고용 배치하여 도·남벌을 규제하기 위한 것이었으며, 사유림에도 산주山主들이 원할 경우 배치했다. 1964년 총 896명을 고용하여 산림보호에 크게 기여했다.[47] 후자는 3년간의 한시법이었는데, 한마디로 정부가 온 국민을 대상으로 한 부역賦役을 합법화하는 법이었다. 서울특별시장, 부산시장, 도지사는 국토녹화사업을 위하여 필요하다고 인정되는 경우 부역을 동원할 수 있게 한 것이다. 일반 국민들에게는 1인당 5일씩 부역을 명할 수 있지만, 자발적인 참여를 원칙으로 했다.

헐벗고 황폐한 산에서 아까시나무는 용도가 많다. 땅을 비옥하게 하고, 빨리 자라서 연료를 제공하고, 양질의 꿀을 생산하고, 겉흙이 씻겨나가는 것을 막는 사방 능력까지 발휘해주기 때문이다. 아까시나무 식재 후 4년 만에 녹화에 성공한 모습이다.

  동원에는 엄격한 제한을 두었는데, 농촌의 경우 산림계원이어야 하며, 1930년 1월 1일에서 1934년 12월 31일(당시 29~33세) 사이의 출생자(남자)로서 현역에 편입되지 않았던 자 등으로 명시했다. 동원기간을 1인당 180일로 제한했으며, 강제 동원으로 민심이 나빠지지 않게 배려했다.[47] 이 법에 힘입어 1963년부터 1964년까지 역사상 가장 큰 규모의 사방공사를 수행했다. 2년 동안 총 295,303ha의 면적에 사방공사를 실시하여 당시 전국적으로 사방공사가 필요한 면적(요사방지, 377,717ha)의 78%를 녹화시켰다.[28] 병역미필자를 강제로 동원했지만 국가를 위해 큰 과업을 수행했으니 이들의 부끄러운 마음을 위로할 수 있었을 것이다.

  이렇게 어렵사리 녹화사업을 추진했으나, 농촌연료가 해결되지 않은 상황에서는 실효를 거둘 수 없었다. 1960년대 중반 무연탄의 생산은 1

천만 톤을 초과하였으나, 원거리의 농촌까지 보급하는 도로가 개설되어 있지 않거나 비포장도로여서 연탄(십구공탄)의 운반이 어려웠다. 실질적으로 연탄이 농촌에 보급된 것은 1971년 이후 새마을운동으로 도로가 개선된 후였다.

1963년에 '산림녹화성금 모금운동'도 전개되었다. 군사정부가 산림녹화에 앞장서는 것이 국민에게 긍정적으로 비쳐지자 약간 강압적인 분위기이긴 했지만 민간 차원에서 이를 후원하기 위해 모금운동을 편 것이었다. 산림조합이 앞장서서 각 기관과 특히 유흥업소(부정적인 이미지를 극복하기 위하여) 등을 대상으로 성금을 모았는데, 총 6,500만 원이 모금되었으며, 이 돈은 전액 사방사업에 동원되는 근로자들 노임으로 충당되었다.[27]

군사정부는 목재자원을 절약하기 위한 방안으로 심종섭(沈鍾燮, 후에 학술원 회장 역임) 산림국장의 건의대로 철도침목과 전신주를 콘크리트로 대체하는 사업도 수행했다. 당시 정부가 대량 산림벌채를 허가할 수밖에 없었던 이유가 바로 철도 침목과 전신주 생산 때문이었다. 외국의 성공사례도 많다는 것을 알게 된 후 방침을 발표한 것이었는데 처음에는 반발이 컸지만, 시험 제작품을 사용해본 후 만족스러운 결과를 보자 그 이후 지속적으로 대체해 나가게 되었다.[27]

군사혁명 2년 3개월 만인 1963년 8월 30일, 박정희는 육군대장 전역식을 통해 군복을 벗고 대통령 선거에 나서서 10월 15일 대한민국 제5대 대통령으로 당선되었다. 당시 임업인들은 박정희 의장을 지지하는 분위기였다. 과거 정부가 검토하기는 했으나 수립하지도 못한 정책, 수립하기는 했으나 시행하지도 못했던 계획, 시행하기는 했으나 열매를 맺지 못한 산림녹화정책을 군사혁명정부는 단 1~2년 동안 말끔히 해치우는 것을 보았기 때문이었다. 숲을 갉아먹는 송충이를 박멸한 것, 인간 송충이라는 도벌꾼들의 숨통을 끊어놓은 것, 1~2년 사이에 5억 그루의 아까시나무를 심은 것, 포플러 심기 운동을 적극 지원한 것, 임산물을 철저히 단속하여 반출을 원천봉쇄한 것, 그리고 숙원이던 산림법을 만들어 국토보존의 길을 열어놓은 것 등을 열거할 수 있다.

:: 지리산 도벌 사건

박정희 의장이 제5대 대통령으로 집무를 시작한지 1년쯤 경과하였을 때, 엄청난 도벌사건이 터졌다. 지리산 도벌이었는데, 건국 이래 최대 규모의 도벌사건으로 기록될 규모였다. 1964년 여름 전남 순천지역이 큰 수해를 입게 되었다. 이 복구사업에 쓰일 목재 공급을 위해 지리산 천은사 사찰림 중에서 송충이 피해가 심한 120ha(목재 총 9,854㎥)의 산림과 인근 송충이 피해지역을 벌채하는 것을 국가에서 허가하였는데,[47] 사유림에 대한 것으로는 최대 규모의 벌채 허가였다. 이것을 악용하여 지리산 여기저기에서 도벌이 성행하기 시작했다.

1964년 가을, 때마침 지리산에 작전도로를 개설하던 공병대 모 장교가 여러 지역에서 일어나고 있는 도벌 현장을 보고 분노한 나머지 사진을 찍어 청와대에 진정서를 제출하였다. 이때 박 대통령의 대처방법을 우리는 눈여겨 볼 필요가 있다. 그는 내무부나 농림부에 도벌범 체포를 지시하는 정도로는 이런 사회악이 근절되지 않을 것으로 본 것 같다. 박 대통령은 10월 초 광주지방 시찰 시에 헬기를 타고 가던 중 별안간 기수를 지리산으로 돌리게 해서 현장을 직접 확인하더니 광주시에 도착하자마자 불호령 같은 검거령을 내렸다.

결국 1,500명으로 구성된 3도(전북, 전남, 경남) 합동수색대가 편성되고, 국회 진상조사위원회까지 구성되어 마무리되었다. 장수, 남원, 구례, 함양

1964년 10월 지리산 도벌사건. 인간 송충이에 의해서 그토록 울창하고 아름답던 지리산의 일부가 폐허가 되어버렸다. 정부가 400여 명을 구속하여 강력하게 대처함으로써 도벌행위가 전국에서 사라졌다.

등에 만연하던 인간송충이들이 소탕된 것은 물론, 많은 민간인, 경찰관, 산림 공무원 등 70여 명이 구속되었으며, 최종적으로 33명이 유죄 판결을 받았다. 당시 훼손된 산림의 면적은 자그마치 2,600ha에 이르렀다. 대통령에게는 매우 충격적인 사건이었지만, 한편으로는 그의 국토녹화 의지를 더욱 굳게 다져주는 계기이기도 했을 것이다.

산에서 도벌로 일확천금을 벌려는 소수의 못된 사람들을 제외하면 나머지 국민들은 1964년 당시에는 소득이 매우 낮았다. 방직공장 여성의 평균 노임이 월 3,440원이었다는 기록이 남아 있다. 당시 소비자 물가를 보면 필자가 다니던 대학의 한 학기 등록금이 7,700원, 한 달 기숙사비가 1,400원이었다. 쇠고기는 1kg에 215원, 연탄 10장에 76원, 쌀 20리터에 736원이었다.

또, 1964년 1월 공보부의 조사 자료에 의하면 국내 라디오 보유대수가 총 65만 대, 1963년 말 총 인구 2,718만 명, 라디오 보급률은 2.42%로 시골의 경우 한 마을에 라디오 한 대 정도가 보급되어 있었다고 한다. 세계 120개 나라 중 119위의 국민소득이라는 말이 과히 헛된 말이 아니었음을 알 수 있다.

:: 서독의 울창한 숲

1964년 12월, 박정희 대통령은 서독 방문 길에 올랐다. 대통령의 집권 둘째 해 중 가장 중요한 국가적 행사였지만, 그 목적은 참담했다. 외교적 차원의 방문이 아니라 오로지 차관을 얻기 위한 방문이었다. 군사혁명을 일으켜 국가재건최고회의 의장이 되고, 또 대통령이 되어 국가재건을 위해 혼신의 힘을 다했지만 그에게는 돈이 없었다. 연간 1억1천만 달러 수준의 미국 원조가 있었지만 그 대부분은 국민들의 양식을 충당하기에도 부족했다. 보릿고개가 엄연한 현실이었던 당시에 기아선상에서 허덕이는 국민의 배를 채워주고, 동시에 경제건설까지 도모하기는 정말 어려웠다.

그래도 그는 나섰다. 군사정부 시절에는 해외차관으로 경제건설을 시도하였으나 여의치 않았다. 국가신용이 낮아서 그리고 미국의 군사정권에 대한 불신 때문이었다. 영미권에서는 차관을 얻을 수가 없다고 판단한 그는 유럽으로 눈을 돌렸다. 그리고 같은 분단국인 서독에 공을 들이기 시작했다.

우선 그는 서독으로 간호사와 광부를 파견했다. 군사정권은 혁명 초기부터 외화 획득을 위해 인력 수출을 모색하고 있었으며, 이러한 훈령을 해외공관에 이미 보내둔 상태였다. 서독 주재 한국대사관의 이기홍 주재관은 루르 탄광지역을 답사했다. 당시 이탈리아, 터기, 스페인, 일본 광부들이 와서 일을 하고 있었는데, 일본 광부들은 자국의 경제사정이 좋아지자 철수하는 추세였다. 서독의 가려운 곳에 대해 보고받은 박대통령은 머뭇거리지 않았다. 1963년 12월 21일 파독 광부 1진 123명이 출발했다. 당시는 취업이 어렵던 시대라서 우리의 고급인력들이 무더기로 지원한 까닭에 엄선에 엄선을 통과한 정예인력이었다. 광부 파

박 대통령은 독일의 세계적인 아우토반 고속도로뿐만 아니라 주변에 우거진 전나무 숲을 보고 감탄하면서 선진국
이 되기 위한 조건이 무엇인지를 배웠다.

견은 서독이나 우리나라 모두에 득이 되는 일이었다. 이후로 총 8,395명을 파견했다.

간호사 파견은 광부 파견보다 조금 일찍 시작되었다. 1960년 봄 재독 한국인 의사 이종수 박사(본 의과대학병원 외과의사)의 주선으로 베를린 감리교 부녀선교회와 프랑크프루트 감리교병원이 한국 간호원 2명을 받았다. 광부와는 다르게 민간인에 의해 문이 열린 것이다. 이를 계기로 1962년에는 20명의 간호사가 서독에 일터를 마련했으며, 1968년까지 모두 1,200여 명이 파견되었다. 1969년부터는 정부의 주도(해외개발공사)하에 1977년까지 10,371명의 간호사를 파견하게 되었다. 한국 간호사들의 유능함, 근면, 친절, 봉사 정신이 인정을 받은 결과였다. 특히 부모 같은 노인 환자들에 대한 극진한 간호, 민첩한 업무 처리가 인정을 받았으며, 간호사들은 독일로부터 질서, 준법정신, 근검절약, 신앙에 대한 생활태도를 배웠다. 이 중에서 약 1천 명의 간호사들은 현지에서 국제결혼을 하고 그곳에 정착하게 되었다.

서독을 방문한 박 대통령은 국회에서 호소했다.

"우리를 도와주십시오. 서독과 같은 분단국가로서 공산군과 대치하고 있습니다. 우리는 성실하고 믿을 수 있는 국민입니다. 열심히 노력하여 빌린 돈을 꼭 갚겠습니다."

결국, 간호사와 광부가 아직 받지도 않은 미래의 3년간 급여를 담보로 하여 서독 뤼브케Lubke 대통령으로부터 1억4천만 마르크(약 3천만 달러)의 차관을 얻어내게 되었다. 또, 박 대통령은 서독의 유명한 아우토반을 질주했다. 아우토반은 아마도 세계에서 가장 먼저, 그리고 가장 잘 만들어진 고속도로였을 것이다. 구불구불한 편도1차선 국도가 고작이던 가난한 나라의 대통령은 중간에 차에서 내려 도로의 구조를 유심히 관찰했다. 또한 도로 양쪽에 펼쳐지는 울창한 숲은 고속도로 못지않은 장관이었다.

이어서 박 대통령은 함보른 탄광을 방문했다. 많은 우리 광부들이 일하고 있는 곳이었으며, 인근에서 우리 간호사들도 소식을 듣고 달려왔다. 간호사들은 고향에 대한 그리움이 북받쳐 육영수 여사의 옷깃을 붙잡고 소리 내어 울었다. 광부들도 함께 울었다. 강당에 도착한 박 대통령도 흐르는 눈물로 연설을 할 수가 없었다. 함께 애국가를 불렀는데, 모두가 목이 메고 눈물이 앞을 가려서 흐느끼기만 하다가 말았다.

서독은 조림에서도 세계 1등국이다. 20세기 초부터 울창한 숲을 유지하면서 지속가능한 임업경영을 해온 때문일 것이다. 그러니 100년 가까이 자란 나무들이 얼마나 울창한 산림을 이루었을 것인가? 이처럼 울창한 산림을 보고 제1차 및 2차 세계대전의 패전국이라는 어려운 경제여건하에서도 숲을 온전히 보존한 독일의 국민성에 박 대통령은 감탄했고, 또 선진국의 저력을 통감했다. 미국이나 서독과 같은 복지국가가 되려면 당연히 국토녹화가 선행되어야 한다는 확고한 신념을 가지게 되었을 것이다. 이러한 결심을 확인이라도 해보겠다는 듯, 참으로 묘한 광경이 박 대통령 앞에 전개되었다. 박 대통령이 서독에서 귀국하는 길 말미였다.

:: 영일지구 민둥산 보며 흘린 눈물

박 대통령의 귀국 길은 일본을 거쳐 오는 항로였다. 당시 하네다 국제공항을 출발하여 김포공항으로 오는 모든 항공기는 직선거리에 있는 경북 영일군을 가로지르게 마련이었다. 나무가 울창한 일본의 영토를 통과한 후 푸른 동해를 거쳐 한국 영토에 들어오자마자 펼쳐지는 영일군의 사막같이 황폐한 모습은 이곳을 지나는 한국인들이 낯을 들지 못하게 했던 곳이다.

박 대통령 역시 며칠 동안 서독은 물론 섬나라 일본에서마저 울창한 숲을 눈이 시리도록 보고 오는 참인데, 문득 시뻘겋게 벌거벗은 영일지구의 민둥산들이 눈앞에 나타난 것이었다. 박 대통령은 하도 가슴이 아파서 그만 눈물을 흘렸다고 한다.

"이렇게 황폐한 땅에 조국 근대화의 깃발을 꽂을 수는 없어."[27]

박 대통령의 굳은 결심은 하나둘 실천으로 옮겨졌다. 첫 번째가 바로 한 달 후에 발표된 연료림 단기조성사업이다. 제1부에서 기술하였던 것처럼, 이승만 정부는 1959년 연료림 조성사업 5개년계획(1959~1963)을 시

1960년대 경북 영일지구 황폐지의 모습이다. 박 대통령이 울창한 숲을 가진 서독과 일본을 방문하고 귀국하는 비행기 안에서 내려다보고 눈물을 흘렸던 지역이다.

작한 바 있었다. 그러나 사업이 제대로 진행되지 못한 상태에서 1961년 군사혁명이 일어났으며, 실제로는 1965년까지 23만7천ha밖에 조성하지 못하였다.

하지만 박 대통령은 국민들에게 최소한의 연료를 확보해주지 않고서는 생계형 도남벌을 도저히 막을 수 없다고 판단하고, 우선적으로 연료림 단기조성계획(1965-1967)을 다시 시행키로 한 것이었다. 당시 낙엽 채취는 허용되었지만, 살아 있는 나무의 벌채는 금지되었기 때문에 10리, 20리 길을 걸어가서 산림간수의 감시가 없는 한밤중에 나무를 해다가 연료로 사용하고 있었다.

마침 정부는 1965년을 '일하는 해'로 정하고 있었고, 연료림 단기조성계획은 농민들에게 많은 일자리도 제공했다. 연료림 조성에 동원된 사람들에게는 노동의 대가로 옥수수나 밀가루를 지급했는데, 이는 식구들의 끼니 해결에 주요한 수단이었다. 정부는 전국 250만 농가가 필요로 하는 연료를 공급하기 위해 총 46만ha의 연료림을 추가로 조성하기로 계획을 세웠다.

1965년 6월10일, 박 대통령은 수원에서 권농일 행사에 참석한 후 임목육종연구소를 방문하여 서울대학교 현신규 박사(당시 농촌진흥청장)가 개발한 은수원사시나무에 대한 설명을 들었다.[36] 은수원사시나무를 새로 육종해낸 것은 부모 나무인 은백양이나 수원사시나무가 좋은 점을 많이 가졌으나 결정적 단점이 하나씩 있었기 때문이었다.

은백양은 19세기 후반에 유럽에서 한국에 도입되었다. 생장이 왕성하고 건조에 잘 견디며, 잎의 뒷면에 털이 많아서 병충해에 강하고 꺾꽂이도 잘 된다. 그러나 곧게 자라지 않아서 목재 가치가 적다. 반면 수원사시나무는 민둥산 같이 척박한 땅에서도 잘 자라고 특히 곧게 자라지만, 생장이 느리고 꺾꽂이가 잘 안 된다. 은수원사시나무는 위의 두 수종 사이의 잡종이다. 부모의 장점만을 따서 빠른 생장력, 건조한 환경에도 잘 견디고, 곧게 자라면서 꺾꽂이도 잘 되는 잡종강세雜種强勢 현상의 좋은 예에 해당된다. 평지에서만 잘 자라는 이태리포플러의 한계점까지 극복한 '산지용 포플러'로서 목재 가치도 크다.

박 대통령은 은수원사시나무를 만져보고 칭찬하면서 많이 심을 것을 권장했다. 이후 이 나무는 전국에 가로수로 보급되었고, 산간벽지 비탈진 산중턱에까지 많이 심겼다. 특히 1973년부터 시작된 치산녹화 10개년계획 중에 대량으로 심겨 산림녹화에 크게 공헌했으며, 1991년까지 총 18만ha에 심었다. 은수원사시나무는 후에 박 대통령에 의해서 '현사시'로 개칭되었다. 현신규 박사의 성을 따서 나무 이름을 바꾼 것은 육종학자에 대한 대통령의 최고의 예우가 아닌가 싶다.[36]

은수원사시나무는 부모의 장점만을 닮은 자식이다. 빠르고 곧게 자라며, 꺾꽂이도 잘 되고, 건조하거나 비탈진 곳에서도 잘 자라고, 병해충에도 강하다. 후에 박 대통령이 개발자의 이름을 따서 '현사시'로 부르도록 했다.

: : 미국의 부러운 숲

1965년 5월 박정희 대통령은 존슨 대통령의 공식초청으로 미국을 두 번째 방문했다. 한국군의 월남파병을 합의한 후, 여러 공식일정을 마치고 마지막으로 웨스트포인트의 육군사관학교와 케네디우주센터를 방문했다. 그곳에서 있었던 일을 김성진 동양통신 기자의 글을 인용하여 소개한다.

"1965년 5월 23일(일). 박정희 대통령 일행이 미국 훌로리다 주의 케네디우주센터에서 로켓 시험발사를 관람한 다음 날은 일요일이었다. 이후락 비서실장을 비롯한 대부분의 수행원은 바닷가로 나가 쉬고 있었다. 나는 혼자 남아서 방미 결산기사를 쓰기 시작했다. 그런데 뜻밖에도 박 대통령이 방 안으로 들어오면서 특별한 일이 없으면 드라이브나 함께하자고 제의했다.

그리하여 대통령 전용차에 단 둘이 몸을 싣고 일대를 드라이브하기 시작했다. 우

미국의 우거진 숲이다. 1965년 박 대통령이 미국을 방문하여 가장 가져가고 싶은 것으로 숲을 지목할 정도로 박 대통령은 산림에 관심이 많았다.

리는 미국 사람들의 생활상에 관해 얘기를 주고받았다. 그러나 나의 직업의식이 그것으로 만족할 리 없었다. '미국 방문 중 가장 인상적인 때가 언제였습니까?' 박 대통령은 '미국 육군사관학교를 방문했을 때야. 사관생도들의 젊고 활기찬 모습이 참으로 마음에 들었어.'라고 답했다. 박 대통령 자신이 군인이었기 때문에 그렇게 감동적이었을 것이다. '그리고 또 하나, 미국 어디에 가더라도 볼 수 있는 저 푸른 숲 말이야. 저것 참 부러워. 미국에서 가져갈 수 있는 게 있다면 난 저 푸른 숲을 몽땅 가져가고 싶어.' 이 혁명가는 과연 무엇을 꿈꾸고 있는 것일까. 점점 궁금해지지 않을 수 없었다."[5]

푸른 숲과 생도들의 기개를 높게 평가한 박정희의 당시 나이는 48세였다. 1953년 11월 준장으로 진급하면서 6개월간의 미국 유학을 다녀온 후 10년이 넘도록 박정희는 미국에 관하여 칭찬하는 말을 거의 한 적이 없었다. 그런 그가 기자에게 미국을 칭찬한 것은 예외적이었는데, 그 대상이 하찮은 것처럼 보이는 푸른 숲이었다.

1964년 한국의 1인당 국민소득은 103달러로서 1961년의 76달러보다는 약간 많아졌지만, 1959년 통계에서는 세계 유엔 등록국가 120개 국가 중에서 119등이었다. 이런 나라의 대통령이 미국에 와서 푸른 숲을 부러워하고 가져가고 싶어 했다니, 박정희라는 사람은 세계에서 가장 가난한 나라의 대통령이기는 했을망정 참으로 멋진 꿈을 간직한 사람이었던 것 같다. 그만큼 자연과 숲을 사랑했던 사람이 아니었을까?

:: 홍릉 숲 속에 세운 과학기술연구소

1965년 5월, 박 대통령이 미국 존슨대통령과 정상회담을 갖고 월남파병에 합의할 때, 당시 합의문에는 한국의 공업발전에 기여할 수 있는 종합연구소의 설립에 양국이 공동 협력한다는 조항이 들어 있었다. 박 대통령이 공업입국工業立國을 실천에 옮기는 한 과정이었다. 미국은 이 조항을 이행할 겸 월남파병에 대한 감사의 뜻을 표하기 위해 100만 달러의 특별원조금을 제공했다. 당시 식량이 절대적으로 모자라는 상황이어서 이 돈으로 밀가루를 구입하자는 의견이 있었으나, 박 대통령은 이 돈에 정부출연금을 합쳐서 200만 달러로 연구소를 설립하게 했다. 1966년 2월 재단법인 한국과학기술연구소KIST가 출범하고 초대 소장으로 최형섭崔亨燮 박사를 임명했다. 최 박사는 전국 30여 곳의 후보지를 둘러본 후, 교통이 좋고 숲으로 둘러싸여 있어 연구 환경으로 아주 적합한 서울 청량리 근처의 홍릉을 연구소 부지로 요청했다.[36]

홍릉洪陵은 고종황제 비 명성황후가 묻혔던 곳이다. 1895년 갑작스레 시해된 명성황후는 묻힐 곳이 마땅치 않았다. 황후는 황제와 합장해야 하는데 고종황제가 아직 젊어 장지가 정해지지 않은 까닭이었다. 하는

조선왕조 왕후(명성황후)가 묻혔던 서울 홍릉 숲의 일부를 훼손하면서 한국과학기술연구소(KIST)를 짓는 것에 대해 박 대통령은 꽤나 미안한 마음을 가졌다. 1966년 10월 6일 기공식 모습이다.

수 없이 황제가 서거하면 이장하여 합장할 때까지 임시로 홍릉에 묻혔다. 따라서 120ha에 이르는 이곳은 숲이 특별히 잘 보존되어 1922년 조선총독부가 이곳을 임업시험장으로 이용했다. 해방을 맞이한 후에도 같은 목적으로 사용 중이었으며, 한국전쟁 기간에도 다행스럽게 전화를 피한 곳이었다. 박 대통령은 조선왕조의 역사가 깃들어 있고 잘 보존된 숲을 훼손하여 연구소를 짓는 것에 대해서 학자들의 강력한 반대로 상당히 고민한 것 같다.

1966년 초 부지를 직접 답사하는 과정에서 당시 임업시험장의 상급 기관이던 농촌진흥청의 이태현 청장에게 박 대통령은 "이 청장, 이곳을 한국과학기술연구소 부지로 양보 좀 해주지?"라고 말을 건넸다. 이 청장은 배짱도 있었지만, 현신규 한국임학회장 등 당시 임업인의 강력한 반대에 부딪치고 있었기 때문에 "각하, 이곳은 각종 양묘와 장기적인 조림시험을 수행하는 곳이라서 나무를 뽑고 건물을 짓는 것은 곤란합니다."라고 말할 수밖에 없었다. 박 대통령은 이 청장에게 과학기술연구소의 필요성을 설명하고 다시 부탁을 했으며, 결국 숲의 일부만을 벌채하여 연구소를 짓기로 타협을 보았다. 서슬이 퍼렇던 군사정권의 주역이던 박 대통령이 이렇듯 일개 청장에게 재청한 것은 매우 예외적인 경우다. 그만큼 홍릉의 숲을 훼손하는 것에 대해 가슴 아파한 점이 충분히 짐작되는 대목이다.[36]

한국과학기술연구소(KIST)는 1969년 준공되었는데, 박 대통령은 설립 후 3년 동안 이 연구소를 평균 한 달에 두 번 씩 방문하여 연구원들을 격려할 만큼 큰 관심을 보여주었다고 최형섭 초대소장은 회고하고 있다. 이렇게 연구원들의 사기를 높여주어 '불이 꺼지지 않는 연구소'(최형섭 회고록, 〈조선일보〉)로 알려졌으며, 향후 KIST는 국내 과학기술 발전에 지대한 공헌을 했다. 한 예로 철강제조 핵심기술을 개발해 포항제철(현 포스코)에 이전함으로써 세계 제일의 철강생산 기업으로 발돋움하게 했다.[33] 한국의 공업기술을 세계 수준에 올려놓았다는 의미에서 홍릉 숲의 일부 훼손은 정당화될 수도 있을 것이다.

2009년 10월 박 대통령 서거 30주년을 기념해 KIST에서 퇴임한 과학자들이 주축이 되어 연우회라는 친목단체를 결성하고 '박정희 과학기술기념관' 건립을 위한 첫 모임을 가졌다. 원로 과학자들 사이에서 박 대통령의 시대에 앞서간 '공업입국' 사상이 지금의 한국 과학과 경제발전에 크게 기여했음을 공식적으로 인정하는 자리였다. 당시 홍릉 숲을 훼손하기는 했지만 KIST가 설립된 1966년도의 전국 산림 임목축적은 $9.2m^3/ha$이었는데, 54년 후인 2020년도 산림청 통계에는 $165.2m^3/ha$로 18배 이상 늘어났음을 보여주고 있다. 박 대통령은 공업입국 뿐만 아니라 임업입국도 실현한 것이다.

▶ 대통령이 임목육종연구소를 방문하여 현신규 박사로부터
새로 개발한 은수원사시나무의 장점에 대한 설명을 듣고 있다.

제7장

도약의 해, 1967년

:: 산림청(山林廳) 발족

돌이켜 보면 1967년은 매우 유별난 한 해였다. 70년 만의 극심한 가뭄으로 농지 피해가 40만ha, 피해 농가가 66만 가구에 달했다. 당시 전체 87만kw 발전 설비 용량 중에서 22만kw에 해당하는 수력발전이 모두 중단되기도 했다. 그러나 대한민국의 치산치수에 관한 한, 1967년은 혁명의 한 해였다.

첫째로는 농림부 산림국이 산림청으로 승격된 것이고, 둘째로는 연료림 조성을 다시 시작한 것, 셋째로는 화전정리사업에 착수한 것, 그 다음으로는 수계별 산림복구(사방공사) 계획을 확정한 것, 경북 외동지구 사방사업을 실시한 것, 제1호 국립공원을 지정한 것, 소양강 다목적댐이 기공된 것이다. 그리고 또 있다. 경부고속도로 건설계획이 발표된 것 그리고 포항종합제철이 착공된 것도 이해다.

굵직굵직한 사업이나 정책들이 열 가지가 넘으며, 이것들 모두가 한국의 역사를 바꾼 의미 있는 사업이었다. 게다가 당시에는 몇 가지 사업에 대하여는 반대 여론이 들끓기도 했다. 그럼에도 불구하고 이런 엄청난 치산치수와 경제개발 사업들이 어느 것 하나 허술하게 넘어간 것 없이 말끔하게 완성되었다는 것이다. 치산치수에 관한 한 1967년과 제4부에서 다루게 될 1973년과 같은 해는 아마도 다시 오지 않으리라 생각된다.

경제학자들은 1967년을 한국의 제1단계 도약의 해로 꼽는다. 포항종합제철을 착공했고, 수출액이 3억 달러를 돌파한 까닭이다. 이 숫자는 의미가 크다. 군사혁명 직전인 1960년 한 해 동안 한국은 총 2억4천만 달러의 외국 원조를 받았는데, 이보다 더 많은 외화를 자력으로 벌어들였기 때문이다. 당시 보릿고개에 시달리던 우리나라는 미국의 원조가 없다면 아사자가 속출할 상황이었다.

박정희 대통령의 '하면 된다.'라는 리더십이 군사혁명 6년 만에 치산치수의 혁명을 일으키고, 또 1단계 도약까지 가능케 하였으리라 생각한다. 경제학자들이 꼽는 2단계 도약의 해는 1970년이다. 수출 10억 달러를 달성하여 단 3년 만에 수출증가율 330%를 달성한 까닭이다. 이해의 1인당 국민총소득GNI은 255달러로 늘어났지만 세계 119위에 그쳤다. 3단계 도약의 해는 1977년이라고 한다. 수출 100억 달러를 달성하여 7년 전 대비 열 배, 즉 1,000%의 증가율을 보였다. 박 대통령은 집권 18년 동안 수출을 448배 증가시켰다. 그의 마지막 해인 1979년에 147억 달러를 수출하여 집권 첫 해부터 계산하면 연평균 42.8%의 수출신장률을 기록했다. 아마도 세계 역사상 이처럼 짧은 기간에 이런 수출 증가를 이룩한 나라는 없을 것이다.

1967년은 제2차 경제개발 5개년계획(1967~1971년)의 원년이다. 제2차 경제개발계획이란 한마디로 말해서 식량을 필요한 만큼 확보하여 배고픔에서 벗어나게 하자는 프로그램이다. 그런데 여기에 '치산녹화계획과 연료림 단기조성계획'도 포함되었다. 경제개발 5개년계획의 첫째 목표인 식량의 자급자족을 위해서는 사방사업과 연료림 단기조성 등 산림녹화가 병행되어야 한다는 개념이 바탕에 깔려 있는 것이다. 이처럼 내용이 충실한 경제개발 계획이었기에 결과도 만족할 만한 수준이 되었을 것이다.

산림청 발족 과정에는 숨은 이야기가 많다.[27] 1965년 2월 임업직이 아닌 행정직 출신의 농림부 조한욱趙漢旭 총무과장이 산림국장으로 부임하면서 산림행정 조직을 확대하는 방안을 찾기 시작했다. 그는 임정과의 최민휴崔玟休 기사에게 산림국을 산림부로 승격시킬 수 있는 방안을 모색하라고 했다. 최 기사는 "국토녹화 문제는 한 시대의 정권 차원이 아니라 영원한 민족사적 입장에서 접근할 대명제이며, 최근 전 국토가 사막화하여 민족문화가 말살될 지경에 이르고 있다는 점을 강조하면서 산림녹화로 국가 에너지를 집결하여 수행하기 위해 산림부 신설이 필요하다."는 보고서를 만들었다.[26] 이 내용이 박 대통령에게 보고되어 대통령의 마음을 움직였으며, 이듬해 1966년 4월 3일 북한산의 사방공사 현장에서 조 산림국장이 어렵게 그리고 과감하게 대통령에게 다시 한 번 건의함으로써, 산림부 대신 산림청으로 확대하기로 결정되었다.

산림청이 신설된 것은 1967년 1월 1일이다. 서울 서소문동에 현판을 달고, 초대 청장에 김영진金英鎭 씨가 취임하면서 출범하게 되었다. 176명의 직원이 배치되었으며, 각 시, 도에 보호직 412명이 추가 되어 총 588명의 규모가 되었다. 농촌진흥청에 소속되었던 임업시험장도 산림청으로 이관되어 산림녹화에 필요한 연구를 담당하도록 했다. 업무는 농림

(좌) 1967년 1월 산림청이 신설되어 현판식을 가졌다. 산림녹화를 본격적으로 하려는 정부의 의도가 보인다. 뒷모습이 보이는 이는 산림청 독립을 적극 지원한 농림부 김영준(金榮俊) 차관이다. (우) 산림청 개청 당시 사용하던 서울시 서소문동 빌딩은 우리나라 국토녹화를 기획하던 총 본부 치고는 초라하기 그지없었지만, 산림청으로 독립하였기에 그 포부는 컸다.

부 산림국 시절부터 청와대에 직접 보고하고 있었지만, 산림청으로 독립한 후에도 중앙정보부와 함께 대통령에게 직접 보고하는 몇 안 되는 기관이었다. 산림녹화에 대한 대통령의 관심 정도를 짐작하게 한다.[27]

산림청의 조직은 청장, 차장, 기획관리실, 임정국, 조림국, 영림국으로 나누고, 산하기관으로 영림서(36개소), 임업시험장, 임목육종연구소, 양묘사업소를 두었다. 주요 업무는 국유림 관리, 연료림 조성, 사방사업, 산불 방지, 솔잎혹파리와 솔나방(송충이) 방제, 도벌 방지, 화전 행위 방지 등 산림에 관한 모든 업무였다. 조림수종을 다양화하는 것도 임무 중 하나였는데, 용재림으로는 낙엽송, 잣나무, 이태리포플러, 현사시를, 그리고 특용수로는 밤나무, 호두나무, 감나무, 대나무 등을 심도록 권장하기로 했다.

박 대통령은 1967년 식목일이 다가오고 있을 즈음, 휘하 공무원들이 산림녹화에 관한 자신의 의중을 아직도 제대로 헤아리지 못하고 있다고 생각한 듯하다. 이에 박 대통령은 산림청 신설의 배경과 전국 시장, 군수, 관계 기관장에게 푸른 강산 되찾기에 관한 간곡한 친서를 보냈는데, 서두의 일부만 여기에 소개한다(「산림보호」, 1967년 4월호).

"조국 강산을 푸른 옛 모습으로 되찾는 것이 조국의 부흥과 근대화의 첩경이라는 것을 나는 오래 전부터 생각해왔습니다. 이러한 나의 생각은 수차에 걸친 우방 방문에서 푸른 산과 풍요한 사회가 정비례하고 있는 사실을 목격하고 더욱 확고해졌습니다. 이러한 나의 뜻은 우선 산림청을 신설하기에 이르렀고, 금년에는 과거에 유례없는 방대한 예산을 투입하여 조림면적 46만 6천ha에 17억 본에 달하는 식수를 계획하고 있는 바, 이는 평년의 4배에 가까운 사업인 것입니다."

박 대통령은 같은 해 제6대 대통령 선거를 위한 방송 연설에서도 조림에 대한 관심을 표명했다.

"나는 일하는 대통령이 될 것을 국민 앞에 약속한다. 도시건설도 내가 직접 살필 것이며, 농촌의 경지정리도 내가 직접 나가서 할 것이다. 산간의 조림도 내가 앞장설 것이며 (중략) 그리하여 민족자립에 도움이 되는 일이라면 무슨 일이든지 착수하여 자립의 길을 단축시켜 나갈 것이다."

박 대통령의 이런 선거연설은 헛구호가 아니었다. 그는 현장을 누비는 대통령이었으며, 현장을 반드시 둘러본 후에 계획을 확정하는 통치자였다. 박정희가 3군단 포병단장 시절 휘하 장교들에게 "귀와 입으로 일하면 아무것도 되는 것이 없다. 다리와 눈으로 일하라. 명령은 5%이고, 감독과 확인은 95%이다."라고 질타한 사람이었고, 그것을 솔선수범 보여준 사람이었다.

강원도의 소양강 다목적댐 기공식을 가진 것이 같은 해 4월 15일이다. 이 댐은 저수능력이 19억 톤으로 아직까지도 국내에서 가장 크며, 홍수 예방과 수력 발전을 포함해 산업의 여러 분야에 크게 기여하고 있다. 박 대통령은 이 댐의 필요성을 일찍 깨닫고 댐의 건설을 서둘렀다.

산림청이 개청한 1967년에는 국내에서 가장 큰 담수능력(19억 톤)을 가진 소양강댐의 기공식이 열렸다. 이 댐은 요즘 전국 인구의 45%가 모여 있는 서울과 수도권의 젖줄 역할을 하고 있다.

인구가 급속도로 늘어나고 있는 수도권 주민들의 식수 공급을 위해 산악형인 강원도를 상수원보호구역으로 일찌감치 묶어 개발을 제한했으며, 저수능력을 높이기 위해 강원도의 산림을 조기 녹화하는 방안을 강구하도록 했다. 요즘 인구의 약 45%에 해당하는 2천여 만 명이 수도권에 거주하고 있는데, 수도권의 용수 공급은 대부분 강원도가 맡고 있는 실정이다.

: : 연료림 조성 5개년계획

산림청이 출범한 첫해 1967년은 역사상 가장 큰 규모의 연료림 조성사업이 이루어진 해라는 기록을 수립했다. 물론, 당해 연도에 모든 것이 이루어진 것은 아니었다. 1964년 12월 박 대통령이 숲이 울창한 서독을 방문한 후, 산림녹화에 박차를 가해서 이듬해 가을에 충분한 종자를 채취했고, 1966년에는 이 종자를 가지고 양묘를 마친 까닭에 1967년 대규모 조림이 가능했던 것이다.

아무튼, 1967년에 예산 1억3천만 원을 들여 묘목 14억4,300만 본을 36만4천ha에 식재 완료했으며, 이는 계획보다 5,766ha 초과 달성한 것이다. 연료림 조성 수종은 아까시나무 40%, 리기다소나무 40%, 기타 수종 20%였다. 산림청 발족으로 농림부 산림국에서의 서러움을 딛고 새 출발하면서 산림조합의 임직원을 모두 동원하여 좋은 성과를 낼 수 있었다는 것이 당시의 평가였다. 이 과정에서 정부는 묘목대, 비료대, 조림지도비를 부담했고, 출역하는 산림계원에게는 미국의 구호양곡(공법 PL480호)을 지급했다.

그러나 문제점도 있었다. 1967년 산림청 출범과 동시에 역사상 가장 큰 규모의 연료림을 1년 안에 조성하려다 보니 시행착오가 생기지 않을 수 없었다. 무리한 계획의 필연적 결과일 것이다. 우선, 연료림은 국가

1967년 산림청 개청 이후 범국민나무심기에는 여자고등학교 학생들도 참석했다.

가 주도하는 일반 조림과는 달리 산림조합의 지도에 따라 주민이 자율적으로 조성하는 것이 원칙이었다. 그런데 전국적으로 2만1천 개의 부락이 있어, 1개 군은 평균 140개의 부락으로 이루어지는데, 조림지도원은 군당 10명 정도이어서 10명이 140개 부락을 지도해야 하는 형편이었다. 게다가 식수체제도 완전히 정비되지 않았으며, 묘목도 제대로 준비되지 못한 경우가 있었다. 형편이 이렇다 보니 총 16억 본(일반조림 포함)을 조림하였다고는 하나 아직 덜 자란 1년생 묘목을 억지로 포함한 것도 사실이었다.

이러한 문제점을 거울삼아 산림청은 1967년 연료림 조성 5개년계획(1968-1972)을 다시 세워 목표량 46만ha를 조림하게 된다. 마을 양묘와 산림조합 양묘를 합쳐서 1년간 14억 본을 양묘하기 위하여 논을 마을양묘장으로 이용하였고, 정부에서 마을양묘 물량을 지정하고 자금을 지원하였다.

연료림을 비롯한 일반 조림사업을 할 때, 절차는 정부가 정해 놓은 것을 따르지만, 시행은 전국에 있는 산림조합의 조직이 맡았다. 산림계에서 연료림 또는 일반조림 사업에 합의하면 군 산림조합에서 필요한 면적과 수종 그리고 위치를 결정한다. 정부는 묘목과 비료를 무상으로 제공하고 지방정부는 운반비를 부담한다. 산림조합은 기술을 제공하고, 산림계는 무상 노력을 동원하여 조림하고 또 무육 관리 작업도 맡는다.

또, 공법인 자격을 갖춘 산림계는 '대집행'에도 참여했다. 연료림이 위치한 마을 주변 산은 대부분 사유림이어서 정부는 산림법에 따라 산주山主들에게 조림사업 명령을 내리는데, 이에 응하지 못하면 정부는 해당 지구 산림계로 하여금 대집행代執行하도록 했다. 연료림이 조성된 후 정부는 산주에게 대집행의 비용을 청구하며, 이에 응하지 못하면 산림법에 따라 산림계와 산주 사이에 8:2(1973년 9:1로 변경)의 분수계약이 체결된

당시 정부는 봄철 일손과 장비가 모자랄 때 군인들을 동원하여 조림사업을 돕도록 했다.

것으로 간주했다. 분수分收란 조림 후에 생기는 수입을 나눈다는 뜻이다. 산주로서는 손 하나 까딱하지 않고, 땅이 건물처럼 낡아지는 것도 아니고, 오히려 산이 더 비옥해지면서 수입의 20%를 받게 되니까 마다할 이유가 전혀 없는 거래였다.

성공적인 양묘사업에는 종자 채취가 매우 중요하다. 따라서 정부는 종자를 현금으로 매입하였고, 온 마을 사람들이 종자채취에 열심히 참여하여 아까시나무, 오리나무, 싸리 종자를 소정의 대금을 받고 정부에 판매하였다. 당시에는 끼니를 굶는 농가가 흔해서 종자 채취에 어린이들까지 참여할 만큼 호응이 좋았으며, 액수는 적으나마 농가 돈벌이 수단의 하나가 되었다. 당시 아직 육종에 의한 '개량종자'라는 개념이 임업에서 실용화되기 전이라서 야생 종자를 그대로 사용했는데, 연료림 조성을 위한 단기 속성녹화 단계에서는 시기적절한 판단이었다고 생각한다.

당시 연료림 조성을 위한 나무심기의 열기는 대단했다. 한 집에서 한 사람씩 부역에 참석한 가구에게만 이 연료림에서 땔감을 채취할 수 있는 권리를 주었기 때문에, 이른 아침부터 동네 사람들이 모이곤 했다. 농번기에 아버지의 일손이 바쁠 때면 13세 아이까지 대신 나와서 묘목을 등짐으로 져 날랐고, 청년들은 지게로 묘목을 져 날랐다. 그 모습들이 참으로 보기 좋았다.

부역賦役이란 대가가 없는 일이었으므로 밀가루 배급도 없었다. 그러나 맡은 조림 물량이 많아서 한 집에서 한 사람 외에 더 참석하게 되면 그에게는 반나절당 밀가루 한 됫박을 주었다. 연료림 주요 조림수종은 아까시나무이었다. 이 나무를 심을 때는 미리 구덩이를 파놓지 않아도 된다. 그러나 밤나무나 살구나무를 심을 때는 미리 구덩이를 크게 파놓아야 한다.

일반조림을 할 때는 일당을 주었기 때문에 식량이 귀하고 돈벌이가 없던 시절 모두가 나무심기에 앞다투어 나섰다. 할아버지, 할머니, 아주머니는 물론 일당을 받을 수 있었으며, 13세 어린이까지는 어른 절반의 임금을 주었다. 일주일 일한 것을 모아서 밀가루, 옥수수 가루로 주기도 했고 현금으로 줄 때도 있었다. 이 사업은 남부지방에서는 대개 3월 1일부터 시작했으며, 보통 4월 20일이면 식수기간이 끝났다. 청년들은 식수기간이 끝나면 품앗이 농사일을 하거나 다른 일거리를 찾아 하천 사방사업장을 기웃거렸으며, 경력자들은 산지 사방공사 현장에 고정적으로 오랜 기간 고용되기도 하였다.[27]

이렇게 조성한 연료림에 대한 실태조사가 1972년 실시되었다. 조림이 완료된 누적 면적 78만4천ha 중에서 43만5천ha만 실제로 남아 있음을 확인하였는데, 조림면적 중 절반 정도만 살아남았다는 결과였다. 이런 원인을 당시에는 타 용도 전환과 조림 기술의 미숙으로 꼽았다.

필자가 보기에도 이러한 규모는 그 후 1973년의 제1차 치산녹화 10

종자 채취는 양묘사업의 기본으로 큰 기술을 요하지는 않으나 많은 일손을 필요로 한다. 키가 작은 초등학생들도 동참하여 국가사업을 도왔으며 용돈을 벌어 가사에도 도움을 주었다.

개년계획 때의 물량보다 더 많은 규모이다. 그러나 1967년 당시 조림 후 효과가 철저히 분석되지 않았다. 서류상의 통계는 신빙성이 있으나, 조림 후 활착률에 대한 조사와 그 밖의 사후관리가 철저하게 되었는지에 대하여는 기록이 미흡했다. 1967년 당시 첫 출범한 산림청의 한계점이었고, 여타 산업에 비해 조림에 관하여는 정부나 국민의 관심이 상대적으로 적었다고 판단된다.

: : 외동지구 사방사업의 개가

이제 사방砂防사업에 관한 이야기를 하자. 민둥산은 작은 비에도 씻기고 파이고 무너진다. 이렇게 망가진 비탈면이 더 이상 빗물에 씻겨나가지 않도록 흙을 고정하고 배수시설을 만드는 것이 사방사업인데, 이 사업은 이승만 정부와 군사정부 초기에도 있었지만, 체계적으로 시작된 것

이런 정도의 민둥산이면 큰 비 한 번에 인근 지역의 지형을 바꾸어버릴 만큼 많은 토사를 내리쏟는다. 이를 막기 위한 사방사업은 산림청이 신설된 1967년부터 본격적으로 시작되었다.

은 1967년이다. 수계별 산림복구 종합계획(1967-1976)이 그것인데, 총 6만 5,030ha에 100억 원을 투입하는 사업이었으며, 후반부에는 1973년의 '제1차 치산녹화 10개년계획'과 연계하여 실시하였다.

특기할 것은 1967년 9월에 시작한 경북 외동지구 사방사업이다. 외동지구는 박 대통령이 서독에서 귀국길에 비행기에서 내려다보고 눈물을 흘렸다는 영일지역(4,500ha)과는 또 다른 곳으로 약 500ha의 황폐지였으나, 대규모 산사태가 날 경우 울산공업단지를 위협하는 곳이었다. 외동지구 사방사업에 대하여는 이런 일화가 있다. 박 대통령은 1967년 여름 울산공업단지를 시찰하고 기차로 귀경하다가 "월성군 입실역에서 기차를 타고 울산으로 약 1km쯤 가면 동측에 사방상태가 지극히 불량한 산이 보일 것입니다."라는 친필 지시문을 당시 양택식 경북도지사에게 보냈다. 박 대통령은 이 지시문에서 "원래 산의 경사가 급하고 암석지대이므로 보통 방법으로는 사방을 하더라도 강우 시에는 유실되고 초목의 활착이 잘 안 되는 지형이므로 특수공법의 기술력으로 해야 할 것입니다."라고 조언하고 "저 형편없던 산이 저렇게 훌륭하게 사방이 잘 됐구나."라는 소리가 나오게끔 "연내에라도 즉시 착수할 수 있다면 하는 것을 희망합니다."라고 소상히 적었다.[39]

경북 경주 인근의 외동지구는 울산항으로 흐르는 태화강의 상류로 동대산 서쪽에 있다. 동대산은 경사가 매우 급하고, 화강암이 풍화하여 모래 토양으로 되어 있어 쉽게 씻겨나가 황폐지로 오랫동안 남아 있었는데, 그 면적이 498ha에 달했다. 해방 이전에 이곳의 전 지역을 대상으로, 그리고 1966년까지 수차례에 걸쳐 총 연면적 2,820ha에 사방사업을 실시했으나 모두 실패했다.

이런 상황에서 1967년 9월부터 도, 군은 말할 것 없고 군부대까지 참여하여 비장한 각오로 사방공사에 다시 착수했다. 9월부터 이듬해 6월 사이에 산지 기초공사 250ha, 종자뿌리기 250ha, 기존 사방지 보수 100ha, 비료주기 70ha를 실시하고, 하천의 야계사방도 실시했다. 특수사방공법을 적용하여 수평으로 단을 만들고, 좋은 흙을 외부에서 가져와 객토客土를 충분히 한 후 5년생 해송을 심어 조기녹화를 시도했다. 당시 동원된 인부는 하루에 1천~2천 명에 달했고, 기술 지도를 맡은 공무원은 9개월 동안 일에 매달려 현장에서 숙식을 해결하면서 주말조차 거의 귀가하지 못했다. 이렇게 하여 반세기에 걸친 숙제가 해결되었다. 대통령의 특별한 관심과 양택식 도지사의 열성이 빚어낸 작품이라고 할 수 있다.[2]

별것 아닌 것 같아 보이지만 그냥 넘어갈 수 없는 사항이 하나 있다. 1967년 재정자금운용 특별회계에 임업자금 항목이 신설되었다는 점이

사방사업은 등고선 방향으로 단을 만들고 나무를 심는 것이 기본이며, 이에 관련된 모든 작업은 장비 투입이 불가능해 사람 손에 의한다.

다. 예산에 반영되어 있는 국토녹화 사업비 이외에, 부족한 중기성 재정 자금을 독림가篤林家들에게 융자해줄 수 있도록 조치해놓은 것이었다. 또, 연료림 조성사업에 부족한 예산은 예비비에서 특별 배정하여 실시하도록 박 대통령이 별도로 지시하였다는 점이다. 계획한 녹화사업의 철저한 이행 의지가 엿보이는 대목이다.

:: 최초의 국립공원 지정

1967년 3월에는 최초로 공원법이 제정되면서 우리나라 산림역사에 또 하나의 큰 획이 그어진다. 12월 19일 제1호 국립공원을 지정한 것이다.

사방사업에서 부녀자들도 함지박으로 돌을 나르는 등 험한 일을 맡아주었다. 이러한 협동정신은 후에 새마을운동으로 이어졌다.

국립공원 지정의 근거법인 공원법은 매우 엄격하다. 국립공원 구역 내에서는 간단한 취사는 물론, 커피를 끓이기 위해 휴대용 버너를 켜는 것조차 금하는 정도이다. 정부가 국립공원제도를 도입한 취지는 분명하다. 자연풍경지를 보호하고 적정한 이용을 도모하여 국민의 보건휴양 및 정서생활의 향상에 기여하자는 것이다. 1967년 지정한 제1호 국립공원은 지리산이었다.

지리산 국립공원은 1개 시, 4개 군, 17개 읍면에 걸쳐 총 47,176ha의 산을 포함한다. 지리산은 금강산, 한라산과 함께 삼신산三神山의 하나로 민족적 숭앙을 받아온 민족 신앙의 영지로 알려진 곳이다. 해발 1,500m가 넘는 20여 개의 봉우리가 천왕봉1,915m, 반야봉1,732m, 노고단1,507m의 3대 주봉을 중심으로 병풍처럼 펼쳐져 운무와 함께 신비에 싸여 있고, 전남, 전북, 경남의 3개도에 걸쳐 그 웅장한 자태를 자랑한다.

국립공원으로 지정되면 접근로와 편의시설을 위하여 어느 정도 개발이 이루어지고 탐방객에 의한 훼손도 예상되기는 하지만, 근본적으로

박 대통령은 1967년 제1호 지리산국립공원을 시작으로 집권기간 동안 13개의 국립공원을 지정하여 천연 숲을 그대로 보존했다. (사진: 설악산국립공원)

지정된 구역 내에서는 건축과 개발이 엄격하게 제한되어 천혜의 자연을 보존하는 데는 결정적인 기여를 하게 된다. 구역 내에서는 인공조림을 자제하지만, 이미 숲이 잘 조성되어 있기 때문에 기존의 숲을 잘 관리하면 더욱 아름다운 자연숲으로 보존이 가능하다. 지리산 국립공원 지정 초기에 공원의 관문을 설치하는 위치를 놓고 지리산을 끼고 있는 3개 도가 서로 경합하는 바람에 결론이 쉽사리 나지 않았다. 박 대통령이 직접 현지답사를 하였으며, 결국 관문은 경남 산청군 사리에 설치하도록 결정하였다.

　1979년 박 대통령 서거 때까지 총 13개소에 국립공원이 지정되었다. 그 이후에도 9개의 국립공원이 추가되어 2016년 강원도와 경상북도의 태백산 국립공원이 22번째로 가장 최근에 지정되었다. 국립공원 제도는 박 대통령의 관심으로 1960년대 일찍 도입되어 천혜의 자연 환경을 보존하고 아름다운 숲을 지키는 데 크게 기여한 것으로 평가된다.

제8장

산림의 다목적 이용과 보존

: : 대통령 하사 묘목과 눈물겨운 농심

박 대통령은 1968년을 '다목적 산림개발의 해'로 선포했다. 산림의 다목적 이용은 1960년 미국 시애틀에서 있었던 국제임업회의에서 토론되었던 개념이다. 이 개념은 국토의 2/3를 차지하는 산림을 목재 및 부산물 생산, 수자원함양, 산림휴양, 야생동물보호, 혼농임업(임간경작) 등 다목적으로 경영함으로써 이용 효율을 증진하자는 뜻이다. 박 대통령은 다목적 이용 개념을 산림에서 소득을 올려 농민들이 가난으로부터 벗어나게 하는 것이라고 해석했으며, 경제성이 있는 여러 가지 묘목을 농촌에 기증했다. 포플러, 밤나무, 살구나무 등 대통령이 하사한 묘목이 마을에 도착할 때면 온 마을이 들썩여서 무슨 큰 경사가 난 듯했다. 특히 당시 귀했던 밤나무가 내려온다고 하면 구덩이를 직경 1m 정도로 미리 파 놓앉다. 박 대통령은 밤나무가 식량 해결에 도움이 된다고 생각하여 군사혁명 직후부터 권장했다. 대통령 하사 묘목의 경우 대개 군용트럭으로 묘목을 날라다 주었으며, 때로는 군인들이 식수에도 참여하였다. 밤나무 접목기술도 가르쳤다.

봄철이 되면 나무심기운동에 국민들의 호응도 제법 있었다. 학생들은 나무 심는 날이면 등교 시 괭이나 삽을 챙겨서 학교로 갔다. 이런 날은 당연히 단축수업을 했다. 학생들은 꽁보리밥, 된장 장아찌 반찬에 밥을 꾹꾹 눌러 담은 도시락을 들고 덴마크의 달가스(Dalgas, 1828~1894, 덴마크의 황무지를 개척하여 나무를 심은 선구자)를 꿈꾸면서 산으로 갔다. 당시에는 월남에 파병되는 장병들이 조국을 떠나기에 앞서서 이를 기념하고 국가를 향해 충성심을 맹세하는 의미에서 산에 나무를 심는 행사도 있었다.[27]

트럭이 산더미같이 묘목을 싣고 마을로 들어오면, 곧 하차시키고 가마니, 거적으로 덮거나 가식(假植, 임시로 심어놓는 것)을 해 놓아야 했다. 다음 날 비료 트럭이 들어오면 마을 창고에 넣었으며, 이때부터 조림 예정지 정비, 양묘장 관리, 묘목 굴취, 포장, 운송을 위한 상자 만들기 등의 일거리를 일사천리로 해치워야 했다. 청년들은 열심히 일했다. 인정을 받아 봄철 내내 일자리를 얻고, 최소한의 식량을 벌어들이기 위해서였다. 당시에는 산에 나무 심는 일이 그나마 농촌에서 가장 많은 보수를 받을 수 있는 일이었다.

그러나 그늘도 있었다. 작업인부의 임금은 정상 임금의 절반 수준이었고 그나마 밀가루나 옥수수로 1인당 약 3kg씩 지급되었는데, 이것이 춘궁기(春窮期) 식량 해결에 적잖은 도움이 되었다. 재원은 미국 국무부의 세계 극빈후진국 식량지원계획 '공법 PL480호' 계정에서 나온 것이며, 기술지원은 유엔특별기금(UNSF)을 통해서 이루어졌다.

녹화사업에 동원된 농부들의 가슴 아픈 모습도 적지 않게 눈에 띄었

트럭 위에 산더미같이 쌓인 묘목을 보면 그 마을에서 얼마나 많은 농민들이 참여해 나무를 심었는지 가늠할 수 있다.

다. 하루 세 끼를 제대로 먹을 수 있는 집안이 적었기 때문에, 나무를 심다가 점심시간이 되면 도시락을 정말 싸가지고 온 그룹과, 멀찌감치 떨어져서 빈 도시락을 풀어 밥을 먹는 척하는 그룹으로 나뉘곤 했다. 그러나 오후에 다시 모이면 열심히 나무를 심으며, 허기진 배를 달래곤 했다.[27] 이들의 굴욕과 인내와 땀이 없었으면 오늘날의 푸르른 산도 없었을 것이다. 우리에게 풍요로운 삶을 물려준 우리의 어르신들에게 삼가 고개를 숙여 감사한다.

당시 산림청 직원들의 헌신도 우리는 반드시 기억해야 한다. 박 대통령 시절 그 밑에서 일했던 산림청 공무원들이 사명감을 가질 수 있었던 것은 대통령이 자신을 신임하고 있으며, 자신이 만든 정책이 대통령을 통해 실행에 옮겨져 나라에 보탬이 되고 있다는 보람 때문이었다. 박 대통령이 말수가 적고 냉정했음에도 불구하고 산림 공무원들이 퇴임한 후에도 그를 존경하는 것은 대통령이 자신들의 열심을 알아주고, 그런 대통령의 마음이 공무원들에게 가슴으로 전달되었기 때문이다.

당시 임업인들은 현장 감독이 끝나면 다시 사무실로 돌아와 늦게까지 일했다. 자장면을 하도 많이 시켜 먹어 얼굴이 새까맣게 되었다는 농담을 주고받았다. 산림공무원들도 바쁘기는 마찬가지였다. 봄철에 나무심기 감독을 마치면, 여름에는 심은 나무의 활착률을 조사하고 산림 병해충을 방제하는 등의 잡다한 일을 해야 했다. 산림공무원은 대부분 자전거를, 그리고 후에 몇 사람만 오토바이를 이용했을 뿐, 지프차는 영림서장에게나 한 대 배정될 정도였다.

이런 조림 및 녹화사업에는 특기할 만한 점이 있다. 첫째, 이처럼 다양하게 주민들이 대거 참석한 조림과 사방사업은 부수적으로 아궁이 개량, 마을 도로정비, 부락 청소 등의 농촌생활 개선작업도 겸하게 되었으며, 이는 부락민의 협동심을 키워주는 계기가 되어서 곧 시작된 새마을 운동의 기반을 조성해주었다는 점이다. 둘째, 계속되는 조림과 사방사업으로 홍수 피해가 점점 줄어들자 농민들의 사방사업 호응도가 눈에 띄게 높아졌다는 점이다.

산림청은 1973년 이후에는 녹화사업을 새마을운동과 연계하여 대국민 홍보도 적극적으로 시행했다. 전국적 표어로는 '국민의 푸른 희망 산에 심자'를 내걸었고, 담뱃갑, 우표제작, 라디오 방송 등을 통해 온 국민의 녹화사업 참여를 독려했다. 국민 식수기간을 정하고, 산불 방지 캠페인, 조림 표주 설치(화전정리 표주 설치), 산림순찰함과 산불 감시탑 설치 및 관리, 도벌 감시를 위한 막사 건설 및 관리 등의 일을 강화했다.

:: 산지를 이용한 초지개발사업

1968년은 축산진흥의 원년이었다. '어떻게 해야 우리 국민들도 우유를 좀 마시게 할 수 있을까?' 고심하고 있던 박 대통령은 소를 키워서 돈을 벌 수 있겠다는 판단을 내린 것 같다. 그는 6월 10일 권농일 행사에서 이계순 농림부 장관에게 "산지를 개발해 축산을 진흥시켜 봅시다. (중략) 축산으로 토지 이용을 다각화하면서 농가소득을 증대시키도록 해보세요." 라고 지시했다. 같은 해 9월 박 대통령은 호주와 뉴질랜드를 공식 방문했는데, 국내 축산산업을 진흥하기 위하여 선진국의 사례를 견학했다.

1969년 초지법을 만들어 산림을 개간하여 대규모 초지조성사업을 시작했다. 강원도 대관령, 북제주군, 경기도 남양주군 등에 기업 목장이 생겼다. 이렇게 해서 3년간 전국에 196개의 축산단지를 조성했다. 전국적인 축산 붐이 일어난 것이다. 이것이 바로 1968년이 한국 축산진흥의 원년으로 기록되는 이유이다.

농민들을 대상으로 대규모 축산단지계획도 세웠는데, 농민들은 이 기회에 산지를 개간하여 목장으로 전환시키려고 했다. 자연스럽게 임업인들 사이에서는 우려의 목소리가 터져 나왔다. 기껏 조림해놓은 산들을 개간한다면 다시 벌거벗게 될 것을 우려한 까닭이었다. 그러나 행운인지 불행인지, 대규모 축산단지 조성사업은 실패로 끝났다. 숫자가 늘어난 새끼 송아지의 분양 문제로 목장 소유주와 농민들 간에 분쟁이 발생했기 때문이었다. 결과적으로 대규모 산림 훼손은 일어나지 않았고, 임업인들은 안도할 수 있었다.

박 대통령은 호주 방문을 마치고 귀국한 뒤 김영진 산림청장에게 호주와 뉴질랜드의 조림이 잘 되었으니 보고 와서 획기적인 정책을 추진하라고 지시하였다. 필자가 보기에는 미국에서 도입한 라디아타소나무가 뉴질랜드에 적응하여 잘 자라고 있는 모습이 박 대통령에게 감동을 준 것 같다. 이 소나무는 25년 정도 기르면 직경이 50cm 정도로 자라며, 지금도 많은 목재가 한국으로 수출되고 있다. 우리나라 술집이나 카페에

1968년 정부가 목축을 장려하기 위해 전국적으로 초지 개발을 독려했지만, 기후조건이 맞는 강원도 대관령 고산지대와 제주도에서만 성공했다. 산림 훼손이 적게 이뤄져 다행이었다. (대관령의 2014년 모습)

서 높은 인기를 누리는 통나무 테이블(나이테 폭이 아주 큰 소나무)이 바로 이 라디아타 소나무이다. 이 소나무는 지금도 세계적으로 가장 성공적인 외국 수종 도입 사례로 학계에서 널리 인용된다.

1968년 11월, 대통령의 명대로 김영진金英鎭 산림청장이 호주와 뉴질랜드의 산림을 시찰했다. 그는 그곳의 대단위 조림지를 견학하고, 산지의 효율적 이용사례를 배웠다. 귀국 후 그는 곧 '대단지 (장기수) 조림계획'을 세우도록 했다. 국-공-사유림을 묶어서 하나의 대규모 조림단지를 만든다는 구상인데, 국내에서는 처음이었다.

산림청은 '산지이용구분조사'를 통해서 대단지 조림에 적합한 임지를 물색했다. 주로 전국 오지에 있는 14개 단지를 선정하였으며, 한 단지당 10만ha 전후로 총 180만ha의 조림계획을 세웠다. 5년 내 31만ha의 용재림을 확보하고 향후 35년간 이어가겠다는 계획이었다.[47] 수종은 주로 잣나무, 낙엽송, 금강송, 전나무, 그리고 남쪽 지방에는 삼나무와 편백이었으며, 특용수(유실수)로는 밤, 호도, 감나무가 있었다. 중요한 점은, 기존의 연료림 중심의 치산녹화사업이 이 시점을 기해 장기수長期樹 용재림으로 전환하기 시작했다는 점이다. 이 사업은 1973년 산림청이 내무부로 이관되어 속성수 위주의 치산녹화계획이 우선적으로 세워지면서 상당히 축소되었다고 할 수 있다.

: : 역사적인 그린벨트제도 도입

1971년은 우리 도시 주변의 산림과 녹지대를 보존하는 획기적인 정책이 만들어진 역사적인 해였다. 이 정책은 본래 박 대통령이 도시계획 차원에서 도입했지만, 부수적으로 산림녹화사업 못지않게 도시 주변의 산림을 보존하는 데 결정적인 역할을 한 중요한 사건이었다고 임업인들은 지금도 이야기한다. 1960년대부터 산업화가 진행되면서 서울을 비롯한 대도시의 인구가 급증하고 도시가 외곽으로 무질서하게 팽창하기 시작했다. 이로 인하여 1960년대 후반부터 도시 외곽의 산림이 서서히 훼손되고 있었다.

영국 런던이 1938년 세계 최초로 그린벨트greenbelt제도를 도입하여 도시 주변의 숲을 장기적인 안목으로 보존하고 있었으며, 1950년 캐나다가 오타와를 새로운 수도로 지정하면서 채택하고 있었다. 1960년대 당시 한국에는 그린벨트 전문가가 없었는데도 불구하고, 박 대통령은 일찌감치 도시 주변의 숲과 녹지대를 보존하기 위한 제도를 마련하고자 했다. 이를 통한 대규모 미개발지의 확보는 토지 투기를 억제할 수 있어 지금도 후진국의 개발 초기에 적합한 국토 이용 전략이라고 평가되고 있다. 그러나 이에 따른 이해당사자가 워낙 많아서 불만도 컸지만, 찬성 의견도 그에 못지않았다.

1971년 도입된 그린벨트제도는 도시 주변을 둘러싸고 있는 산들을 원형 그대로 보존하는 데 결정적인 역할을 했다. 서울시와 경계를 이루고 있는 청계산이 서울 시민의 신선한 쉼터로 사랑을 받고 있다. (서울시 서초구청 홍보정책과 제공)

1968년 김현옥 서울시장이 서울시의 강남을 개발하는 등 도시 확장을 불도저식으로 밀어붙이고 있을 때, 박 대통령은 동훈董勳 비서관에게 '수도권 인구집중 억제방안'을 강구해보라는 지시를 내렸다. 동 비서관은 여러 가지 안을 제시하면서 영국의 그린벨트 제도를 첨부자료 정도로 가볍게 언급했다. 그러나 박 대통령은 즉시 이 제도에 관심을 표명하고, 이를 채택했다.[15]

도시계획법은 도시의 무분별한 발달을 규제하기 위해 군사정권이 1962년 1월 최초로 제정했는데, 드디어 1971년 초 도시계획법을 개정하여 개발제한구역(그린벨트)을 둘 수 있게 했다. 7월에는 제1차로 수도권 그린벨트를 지정 고시했으며, 이어서 서울 이남과 부산을 포함시켰다.

이듬해에는 수도권 시민에게 깨끗한 물을 공급할 수 있게 동쪽으로 필당 저수지 상류지역을 포함시켰다. 그리고 1972년 유신헌법이 공포된 후 1973년에는 도청소재지의 모든 도시와 제주도를 포함하여 전국으로 확대했다. 이로써 전국적으로 대도시권 7곳과 중도시권 7곳에 그린벨트를 지정하여 그 구역 안에 있는 산림도 곁들여 보존하게 만들었다. 1977년 까지 전 국토면적의 5.4%를 그린벨트로 지정했다.

이 그린벨트제도는 그 후 정권이 바뀔 때마다 끝없이 제기되는 민원으로 인하여 흔들리기도 하고, 일부는 해제되어 시급한 공공사업을 위한 부지로 전용되기도 했지만, 요즘 대도시 주변에 푸른 산이 개발되지 않고 그대로 남아 있게 하는 결정적 계기를 만들었다. 대부분의 선진국에서 도시 주변의 전망이 좋은 산 중턱에 별장이 즐비해 있는 반면, 한국에서는 아무리 돈이 많고 권력이 있어도 산 중턱에 결코 주택이나 별

인구 1,000만 명의 서울시와 인근에는 100개가 넘는 산들이 있는데, 개발제한구역 덕분에 온전히 보존되고 있다. 봉우리가 300m 이상인 산은 14개로서 북한산(837m), 도봉산(725m), 수락산(640m), 관악산(629m), 청계산(609m), 불암산(510m), 삼성산(481m), 호암산(412m), 용마산(348m), 백악산(342m), 인왕산(338m), 인릉산(327m), 구룡산(306m), 목동산(300m)이며, 300m 이하로 안산(295m), 대모산(293m), 아차산(287m), 남산(265m, 사진 속 멀리 남산타워가 보임) 등이 있다(사진: 서울시 공원녹지과 제공)

장을 지을 수 없다. 당시 서슬 푸른 유신헌법 밑에서 국토이용관리법을 제정하여 시민들의 재산권 행사에 큰 영향을 미친 것은 후세에 사가들이 판단할 문제이다.

"한국의 그린벨트 정책이 성공한 것은 기적에 가까운 일이다. (중략) 만약 박 대통령의 그린벨트에 대한 예지와 정열이 없었다면 우리도 일본 동경처럼 끝없이 펼쳐진 빌딩 속에서 살 수밖에 없었을 것이다. 이렇게 아름다운 서울과 주변 산림을 지킬 수 없었을 것이다."라고 배청 교수는 평가하고 있다.[22]

제9장

영일지구의 전투

:: 대통령의 기억력

박 대통령의 자연과 나무에 대한 특별한 관심과 놀라운 기억력을 말해주는 일화가 몇 가지 있다. 1971년 3월 초 육군사관학교 졸업식에 박 대통령이 참석했다. 졸업식을 마치고 당시 학교장이었던 최세인 중장의 안내로 사열대에서 교장실이 있는 본부 건물로 걸어가던 박 대통령이 "최 장군, 소나무에 솔방울이 많이 달렸군. 가난한 농가에 자녀들이 많은 것을 보는 것 같네." 하고 지나가듯 이야기했다. 대통령이 떠나자마자 바로 최 중장이 김준봉 근무부대장을 불러 육사 내의 모든 소나무에서 솔방울을 전부 따라는 지시를 내렸다. 남한산성의 군 수감자 1개 대대를 헌병과 함께 지원받아 고가 사다리를 이용해 작업을 끝마쳤다.

1972년 3월 초 육사 졸업식에 대통령이 다시 참석하였다. 지난해처럼 졸업식이 끝난 뒤 학교장의 안내로 학교 본부로 내려가면서 좌우를 둘러보고는 "최 장군, 솔방울을 다 땄군."이라고 말했다. 이 말을 옆에서 들은 김준봉 근무부대장은 대통령의 놀라운 기억력에 입을 다물지 못했다고 기록하고 있다. 그만큼 박 대통령은 평소에 나무와 숲에 관심이 많았다는 증거다(박정희 대통령기념사업회 회보 7호, 2006).

　손수익 경기도지사(후에 산림청장 역임)도 비슷한 경험을 했다고 회고하고 있다. 경기도 용인군의 경부고속도로변 마을 앞에 버드나무 일곱 그루가 심겨 있었다. 1972년 여름 풍수해를 만나 그중 두 그루가 바람에 쓰러져 할 수 없이 한 그루는 베어버리고 한 그루는 살려보려고 지주를 세워두었다. 마침 박 대통령이 도청을 방문하여 현관에서 차를 내리면서 손 도지사에게 "그 마을 앞에 나무 한 그루가 없어졌던데 어떻게 된 일이요?"라고 물었다. 손 도지사는 박 대통령이 이렇게 국토를 손바닥 보듯 보고 있을 뿐 아니라, 평소에 일목일초도 소홀히 하지 않는 성품의 편린을 보는 것 같아 겁도 나고 외경스러움을 느꼈다고 회고하고 있다.

::"울산 공업단지를 지켜라"

박 대통령의 산림녹화에 대한 집념은 사방사업을 강력하게 밀어붙이는 과정에서 잘 나타나고 있다. 경남 울주군과 경북 영일지구 사방사업의 예를 여기에 기록으로 남기고자 한다.[27] 1972년 7월 26일 태풍 리타가 한반도 남쪽을 강타했다. 이후 9월 3일부터 14일까지 울산지역에 213mm의 집중호우가 쏟아져서 대형 산사태가 발생했다. 사망 또는 실종자가 54명이나 되었다.

　9월 16일 박 대통령과 김현옥 내무부장관이 현지를 헬기로 시찰하면

사방공사 시에는 깎이고 파인 산에 다른 곳에서 좋은 흙을 가져와 메워야 풀과 나무가 자랄 수 있다. 이런 객토작업은 개미가 먹이를 물어 나르듯 완전히 지게에 의지했다.

서 원인을 찾아냈다. 경남 울주군 능소면 중산리 이화마을 뒷산의 산봉우리 두 곳이 뚝 잘려서 절벽같이 무너져내린 것이 확인되었다. 추가 산사태는 울산공업단지의 관문인 울산만으로 토사를 유입시켜 항만이 폐쇄될 수도 있는 정도였다. 추가 산사태를 원천적으로 봉쇄하기 위한 방안을 대통령이 직접 지시했다. 절벽에 콘크리트를 치고, 철제 로프로 둘러서 꽁꽁 묶어놓고, 하단에 콘크리트 파일을 박고, 옹벽을 쳐서 막으라고 지시한 것이다.

이어서 '울주군 산사태 복구 특수사방사업단'을 만들었다. 단장에 경남 부지사, 기술 총책에 경북도청 건설국장, 그리고 김 내무부장관의 특별 명령으로 고건高建 새마을 담당국장(후에 국무총리 역임)이 현지에 지휘본부를 설치하고 대책회의를 주재했다. 서둘러 산사태 발생 일주일 후인 9월 23일 공사를 개시하게 되었다. 야외용 막사 수십 채, 의무실, 식당, 창고 등이 설치되었고, 1일 300~500명의 인부를 20km 떨어진 울주군에서 매일 동원하여 작업을 진행했다.[2]

1972년 울산공업단지를 보호하기 위한 울주군 특수사방 후 단계별 복구 모습이다.

지금처럼 각종 중장비가 없던 시절이기도 했지만, 있더라도 워낙 좁고 가파른 산길이어서 중장비를 투입할 수도 없었다. 부득불 400m 산길을 따라서 돌, 떼, 자갈, 시멘트, 묘목 등을 등에 지고 운반하였다. 70도 경사에 사면길이 100여m 되는 공사에는 공수특전부대 출신을 고용했다. 토목공사 후에는 싸리나 풀 종자를 파종했으며, 극비리에 보리씨앗도 뿌렸다.

11월 1일 박 대통령이 전국 시, 도지사를 대동하고 다시 이곳을 방문했다. 지시 5%, 확인 95% 원칙의 솔선수범이었을 것이다. 박 대통령이 특수공법을 쓰더라도 자연스러워 보이도록 손질하라고 당부하여 옹벽에는 자연석을 붙여서 마무리하였다. 다음 해 4월 준공평가회 때 공사지역에 풀이 파랗게 돋아나 있어서 극찬을 받았다. 보리싹이었다. 아마도 박 대통령이 이것이 보리인 줄 알았으면 누군가가 문책당했을 지도 모를 일이다. 마무리 후에는 내무부에서 이곳을 전국 시장, 군수, 읍 면장의 사방사업교육 시범현장으로 활용하게 되었다.[27]

:: 세계가 감복한 영일지구 사방사업

박 대통령의 황폐지 녹화에 대한 업적 중에서 세계적으로 가장 널리 알려져 있는 것은 경북 영일지구 사방사업이다. 그만큼 불가능에 가까운 사업이었기 때문이다. 1971년 9월 17일 박 대통령이 영일군 기계면 문성리 우수새마을을 시찰할 때 이곳 집단 황폐지를 특별히 방문했다. 이곳은 3개 시 군, 9개 면, 115개 마을에 걸쳐 총 107,408ha의 방대한 면적이 몹시 황폐하여 일부 지역은 사막과 같이 변했다.

토양은 이암泥岩과 혈암頁岩으로 되어 있는 특수지역으로 풍화작용으로

영일지구 사방공사는 악조건을 극복한 세계적인 작품이다. 문자 그대로 혈투였다. 토목공사의 모든 특수기술도 모자라서 공수특전부대원과 등반 기술까지 동원해야 했다.

바위와 돌이 힘없이 부서져 비가 오면 겉흙이 쉽게 씻겨 나가고, 건조하면 단단해져 풀 한 포기 자라지 않는 뜨거운 사막과 같이 되어 있었다. 1907년 우리나라에서 사방사업이 시작된 이래 무려 50여 차례에 걸쳐 소규모 사방사업을 실시했으나 복구하는 데 실패했다.

1960년대 중반 한일관계가 정상화된 후 하늘길이 열리고 동경에서 출발한 서울행 여객기들이 나무가 울창한 일본 영토를 지나 한국 영토로 진입할 때 사막과 같은 이 지역을 먼저 통과하게 되어 있었다. 1964년 서독을 공식방문하고 귀국하는 길에 박 대통령이 이 지역을 보고 가슴 아파했음을 이미 이야기한 바 있지만, 당시 해외출장을 다녀오는 모든 국민과, 심지어는 외국인까지도 이를 안타까워했다. 뿐만 아니라 이 지역에서 흘러내린 토사가 형산강 하상을 높여 영일만 일대가 퇴적 매몰되어 포항종합제철 건설에도 막대한 지장을 주고 있었다. 이 지역은 1967년 산림청이 독립한 후 박 대통령의 1차 지시에 따라 사방사업을 이미 실시했지만, 성공하지 못한 이력도 갖고 있는 곳이다.

"이곳은 국제항공노선의 관문인데 근본대책을 세워 버려진 땅을 되찾도록 연구 노력하라."

박 대통령은 1971년 강봉수姜鳳秀 산림청장에게 복구명령을 내렸는데, 강 청장은 그 지역이 특수한 토양으로 되어 있다는 것을 파악하고, 새로운 공법을 개발하기 위하여 1972년부터 시험사업을 먼저 계획했다. 임업시험장에 의뢰하여 이 지역 복구를 위한 특수사방공법을 연구해 보았는데, 깊이 40cm의 구덩이를 파서 퇴비를 넣고, 토양을 개량하는 오리나무, 아까시나무 및 해풍에 강한 해송(곰솔)을 심는 것이 가장 바람직하다는 결과를 얻었다. 그러나 산림청은 정작 복구사업에는 착수하지 못하고 있었다.

1972년, 박 대통령이 헬기를 타고 이곳을 지나가다가 1년이 지나도록 사방사업에 아무 진전이 없는 것을 알게 되었다. 강 청장에게 물으니 강 청장은 이에 대해서 만족할 만한 설명을 하지 못했던 모양이다. 그러자 박 대통령은 1973년 제1차 치산녹화사업이 시작된 후, 신임 손수익 산림청장을 특별히 불러 영일지구에 있는 황폐지를 어떤 수단을 동원해서라도 반드시 녹화해 놓으라는 특별지시를 내렸다. 주도면밀한 손 청장에게 능력을 발휘할 첫 번째 기회가 온 것이었다.

손 청장은 우선 이곳에 자주 들러 감독할 수 있도록 산 정상에 헬기 착륙장을 만들라고 지시했다. 시장, 군수, 도 관계관들이 진행 중인 공사를 산 정상까지 와서 볼 수 있도록 한 것이다. 당시 대부분의 사방공사는 산록부에서는 정성껏 이루어지지만, 산꼭대기는 소홀히 처리하는 경우가 있어서 일부러 꼭대기로 올라오면서 인부들이 고생하는 것을 직접 보고 현장을 확인하라는 의도였던 것이다.

산림청은 포항사방관리소를 해체한 후 영일과 의창 사방사업소를 신설하고, 38명의 기술지도원을 배치했다. 또한 이 지역을 20개 공구로 구획하여 지역별 책임제로 추진했다. 손 청장은 이 지역이 특수 토양으로 되어 있다는 것을 파악하고 바로 전년도 울주군에서 실행한 것처럼

외동지구 사방사업 전과 후를 비교한 사진이다. 난공사였던 만큼 보람도 컸다. 아까시나무의 역할이 돋보인다.

특수공법을 도입하기로 했다. 특수 골파기와 다량의 비토(肥土, 거름진 흙)를 사용했으며, 관목을 다량으로 식재하여 조기녹화를 시도했다.[25] 산허리를 둘러 콘크리트를 치고 파일을 박아 사면을 안정시켰다. 특히 경사가 아주 심한 곳에서는 특수 인부들이 한 가닥 산악용 자일에 몸을 매단 채 공사를 진행해야 했다. 목숨을 걸 정도의 사명감 없이는 도저히 해낼 수 없는 공사였다. 이 지역은 산세가 워낙 급한 난공사지역이 많아서 인부들도 고생을 많이 했다. 먼 거리에서 돌과 좋은 흙을 지게로 날라 와야 했다. 당시 구자춘具滋春, 김수학金壽鶴 두 도지사의 특별한 관심과 지원도 큰 힘이 되었다.

1975년 4월17일 박 대통령이 영일군 흥해읍 오도리를 다시 찾았다. 비바람이 불어 헬기를 타지 못하고 포항제철 지프차를 타고, 노폭이 3m 밖에 안 되는 좁은 비포장도로를 기다시피 달렸다. 너무 험난한 길이어

1975년 4월 세찬 비바람에도 불구하고 박 대통령은 노폭 3미터의 비포장도로를 달려 영일지구 현장을 찾아 관계 관들을 독려했다. 보고 도중에 브리핑 차트가 바람에 찢겨 날아갔다고 한다.

서 대통령이 중간에서 보고를 받자고 하였으나, 박상현朴商鉉 경북 산림국 장은 보다 상세한 보고를 위해서 그리고 고생하는 현장의 관계관과 인 부들을 격려해주기 위해서는 정상까지 가주시기 바란다고 했고, 박 대 통령은 이 간곡한 청에 흔쾌히 현장까지 갔다. 당시 건설부 장관과 비서 실장도 수행하고 있었다.[27]

박 대통령은 사방현장을 시찰한 후 "계곡에는 낙차공을 더 많이 설치 하고, 등고선에 따라 구덩이를 더 깊게 파서 좋은 흙을 넣은 다음에 나무 가 꼭 살 수 있도록 심으라."고 당부한 후 금일봉을 하사하였다. 박 대통 령은 그 후에도 헬기로 이 장소를 여러 차례 순시하여 진행과정을 점검 하며 조기완공을 독려했다. 이런 악조건 속에서도 현장을 수시로 찾아 와 인부들을 격려해준 것이 영일지구와의 혈투를 승리로 이끈 원동력이 되었다고 산림청과 경북도청 공무원들은 입을 모았다. 이곳에는 '대통령 순시기념비'가 세워져 있다.

드디어 1977년, 5년에 걸친 작업 끝에 4,538ha의 영일지구 황폐지

5년간 4,538ha의 면적에 펼쳐진 영일지구 사방사업은 세계를 깜짝 놀라게 한 대역사였다. 사진은 연차적 효과를 보여준다.

가 완전 녹화되었다. 묘목 2,389만 본, 종자 101톤, 비료 4,161톤, 떼 2,241만 매, 석재 230만 점, 토비 및 객토 210만 톤, 총 연인원 355만 명, 그리고 예산 38억 원이 투입된 대역사였다.[28]

불가능할 것으로 여겨지던 이 영일지역의 사방사업이 멋진 성공을 거두자 그 영향이 전국에 미치게 되었다. 1977년 당시 전국에는 14개 지역에 총 80,504ha에 해당하는 특수사방 대상 황폐지가 산재해 있었다. 그러나 영일지구 사방사업 성공 이후 이곳들도 꾸준히 복구공사가 진행되어 지금은 최근 산불이 난 지역을 제외하고는 완전하게 녹화되었다는 점이다. 강한 장수 밑에 약졸이 없다는 말이 실감난다.

한국 사방사업 역사상 최대의 전투로 불리는 이 영일지구는 이제 20세기의 기적으로 인정되어 지금도 전 세계적으로 칭송을 받고 있다. 영일지구 사방사업 이야기는 영화로 제작되어 지금도 세계 여러 곳에서

사진의 뒷부분에 보이는 사막화된 산에 사방공사를 실시한 첫해에 풀과 나무가 잘 자라고 있다. 구덩이를 파고 좋은 흙을 넣었기 때문이며, 성과를 분석하면서 사후 관리를 철저히 했다.

상영되고 있으며, 매우 감동적이라는 평을 받고 있다. 경상북도에서는 이 위대한 역사를 보존하기 위하여 흥해읍 용천마을에 '영일 사방 준공 기념비'를 세웠다. 2007년에는 포항시 흥해읍 오도마을 일원 19ha에 사방역사관, 교육관, 체험장 등을 갖춘 사방기념공원을 조성하여 일반에게 공개하고 있다.

후일담도 있다. 사방사업의 효과는 본래 서서히 나타난다. 박 대통령 서거 후 임업인들조차 거의 잊어버리고 있던 영일지구 사방사업 이야기가 1984년 일본 〈아사히신문朝日新聞〉의 "한국의 황폐한 영일만 백석白石지대가 사라졌다."는 보도로 처음으로 부각되었다. 일제강점기 이후 40년이 지나도록 폐허로 남아 있던 영일지구가 감쪽같이 없어졌다는 것이 일본 기자들에게는 매우 흥미로운 사건이었을 것이다.

1984년 봄 〈아사히신문〉 기자단이 찾아왔다. 산림청의 안내를 받고 현장에 도착한 일본 기자들이 골짜기를 이 잡듯 뒤지며 살피고 사진을 촬영하면서 수십 미터 절벽이 녹화되어 있는 현장을 확인했다. 엄청난

1960년대 초 사방공사 실시 이전의 경북 금릉군(현재 김천시) 황폐지의 모습은 반사막을 연상하게 한다.

물량의 돌이 투입되고, 산허리를 둘러 콘크리트를 치고 파일을 박아서 사면을 안정시킨 공법을 취재하면서 그들은 혀를 내둘렀다. 마술에 걸린 듯한 모습들이었다. 그 후 〈아사히신문〉은 칼라화보 사진으로 녹색 물결이 넘치는 아름다운 영일지구 사방사업 현장을 넓은 지면을 할애하면서 자세하게 연재했다.[27]

제10장

밤나무 대단지 조림

:: 숲의 다양한 혜택

나무와 숲은 인간에게 참으로 많은 것을 제공한다. 그것도 모두 무료제공이다. 인간이 그 가치를 실감하지 못하는 것이 당연하다. 나무는 우리에게 기본적으로 목재, 펄프, 연료를 제공한다. 각종 짐승들에게는 보금자리를 제공한다. 그리고 또 있다. 가까운 몇 가지만 적어보자.

첫째는 공기 정화 기능이다. 사람이나 공장, 또는 차량들이 내뿜는 이산화탄소와 그 밖의 매연들을 숲이 말끔히 정화하면서 산소를 생산해준다. 그래서 사람이 숨을 쉬고 살 수가 있는 것이다. 서울 같은 대도시에서 빼곡한 빌딩 숲 사이 자투리땅에라도 나무를 심게 하는 것이 바로이 때문이다.

둘째는 물의 보관과 공급이다. 책머리에서도 잠깐 언급했듯이, 숲은

울창한 숲의 기능은 매우 다양하지만, 특히 저수 댐의 역할을 한다는 점에서 더할 나위 없이 중요하다. 한국은 높은 인구밀도(현재 세계 9위 국가)로 인해 물이 절대적으로 부족한 국가에 속한다.

낙엽층과 토양층에 물을 정화하여 보관하고 있다가 일 년 내내 이 물을 조금씩 흘려보낸다. 그래서 비가 한동안 오지 않더라도 강물은 계속 흐르고, 그 덕분에 사람과 그 밖의 생명체가 목숨을 부지하게 된다. 숲은 인간에게 댐의 역할을 해주고 있는 것이다.

셋째는 아름다움을 제공한다는 점이다. 먹고 사는 것이 급할 때에는 나무 한 그루를 제대로 바라볼 겨를이 없지만, 의식주가 해결되면 그 즉시 관심을 가지는 대상이 나무의 아름다움이다. 고소득 국가일수록 잘생긴 정원수 가격이 비싸지는 것도 그런 이유이다. 설사 고소득이 아니더라도 나무에 피는 예쁜 꽃, 봄철 다양한 색깔의 새순, 나뭇잎을 물들이는 울긋불긋 단풍, 겨울철 숲의 설경에 엔도르핀endorphin이 솟지 않는다는 사람이 몇이나 될까?

넷째는 환경을 보호해준다는 점이다. 산사태나 홍수의 피해를 줄여주는 것이 나무고, 태풍과 겨울철 한풍에서 우리를 보호해주는 것도 나무다. 해마다 우리가 황사에 시달리는 것이 중국 사막에서 일어나는 먼지

쌀을 주식으로 하는 한국에서 논농사의 핵심은 물이며, 물은 숲이 우거진 곳에서만 안정적으로 공급된다.

를 막아줄 나무가 없기 때문이다.

다섯째, 인간에게 대체식량과 필수 영양분을 공급해준다는 사실이다. 사과, 배, 복숭아 등의 과수는 물론이고, 밤, 대추, 호도, 잣 등의 유실수有實樹가 바로 그 주인공이다. 이들은 우리가 흔히 먹는 식량작물이나 채소가 갖지 못한 영양분을 갖고 있으며, 일단 유사시에는 인간의 식량 역할까지도 감당하고 있다. 그러나 이들 유실수들이 우리에게 이처럼 유익한 데도 불구하고, 우리는 이들을 사과나 배처럼 제대로 재배하지 않고 있었다. 야산에서 자생하는 데에 만족했다는 뜻이다.

이러한 유실수를 대체식량, 영양공급원, 농촌 소득원의 측면에서 착안하고 재배의욕을 불태웠던 이가 바로 박 대통령이다. 그가 군사혁명공약에서 선언한 대로 기아선상에서 허덕이는 우리 국민을 건져내기 위해 얼마나 고심하는 사람이었는지를 가늠하게 한다.

:: 대통령의 밤나무 사랑

박 대통령은 유실수에 관해 깊은 관심을 가지고 있었다. 이에 관한 기록이 산발적으로 발견된다. 1966년 식목일행사 때 사석에서 "내가 생각하는 이상적인 농촌상은 경운기에 밤을 가득 싣고 집으로 돌아오면서 행복해하는 농부들이 많아지는 것"이라고 했다.[26] 박 대통령은 1968년 '농어민소득증대특별사업'(제11장 참조)을 추진하면서 '특용수증식 5개년계획(1968-1972)'을 수립하여 밤나무, 호두나무, 감나무, 등 유실수 증식을 독려했다. 이 사업을 독려하기 위해 대통령 하사 묘목으로 밤나무를 여러 마을에 보냈으며, 1971년 경기도 광주군 식목행사에서 밤나무 20그루를 직접 심고 밤나무의 식량 대체 효과를 강조했다. 관계관들에게 적극적이고도 강력한 재배 지시를 내리기 시작한 시점은 1972년이다.

1972년이면 군사혁명을 일으킨 지 만 11년 되는 해이고, 78달러이던 국민소득이 319달러가 된 해이다. 그러나 1972년 당시 인구의 약 40%를 차지하고 있던 농민은 아직도 초가집에서 살고 있었다. 300만 농가의 평균소득이 도시 가구의 80%에도 미치지 못하고, 농민이 국민의 식량을 생산해내지 못하니 많은 양을 수입에 의지해야 했다. 제대로 된 통치자라면 당연히 식량 증산과 농가소득을 올리기 위해 고심했을 때이다. 공식석상에서 유실수 재배를 적극적으로 지시한 것은 1972년 연두순시 때였다. 이때 박 대통령은 특히 밤나무를 심을 것을 강조했다. 그 일부를 소개한다.

"앞으로 약 10년 계획으로 가령 1만ha에다 밤나무를 심었을 경우 5년 만에 밤을 따게 되는데 그 수익성은 대단히 크다고 본다. 밤은 1ha에서 20섬이 나온다고 하는데 같은 면적의 논에서 생산되는 쌀의 소출과 맞먹는 양이 된다. 가령 밤을 10만ha 심었을 경우 밤 한 섬을 4만 원으로 계산하면 1년에 약 800억 원 정도의 수익이 산에서 그것도 지금까지 그냥 버려진 산에서 나오게 되겠다. (중략) 그렇게 되면 마을사람들 전부가 산을 열심히 가꾸게 되어 산림은 자연히 녹화될 것이다. (중략) 밤이 대량 생산되면 양식으로도 대용할 수 있어 식량자급에도 크게 기여할 것이며 필요하다면 수출도 가능할 것이다."[15]

내용을 보면, 선생님이 학생들에게 새로운 교과서 내용을 설명해주는 듯하다. 그냥 지시만 해서는 공무원들이 잘 움직이지 않을 것을 염려하는 마음이 전해지기도 한다. 1972년 3월 24일에는 서울시 방배동 새마을 현장을 시찰하는 자리에서 "전국 임야에 유실수를 심어 식량화 방안을 강구하라."고 관계관에게 지시했다는 기록이 나온다. 특히 그가 지목한 유실수들은 감, 밤, 대추, 호도, 잣 같은 것들로, 오늘날에도 산에서 재배하여 비싸고 쓰임이 많은 과일에 속하는 것들이다. 여러 기록을 종합하면, 박 대통령은 유실수 중에도 밤나무에 특별한 관심을 가지고 있었음을 알 수 있다. 식량이 절대적으로 모자라는 상황에서 밤을 적극적으로 생산하는 것이 식량 해결에 도움이 된다고 생각했기 때문일 것이다. 김두영金斗永 전 청와대 비서관의 증언을 들어보자.[4]

"하루는 박 대통령께서 일과를 끝내고 저녁식사를 함께 하자고 하셨다. 식사 후 육 여사와 함께 짧은 영화를 몇 편 보았는데, 그 내용이 '밤나무 재배법' '고구마 온상재배법' '독도지기 경찰관' '광업소 사람들' 등과 같은 다큐멘터리 영화였다. 특히 박 대통령은 밤나무에 대해 큰 관심을 보였으며, 메모를 하면서 밤나무 재배법을 공부하셨다.

박 대통령은 1971년 4월 5일 경기도 광주군에서 있었던 식목일 행사에서 밤나무를 심고, 오후에 청와대 뜰에 재배 실습용으로 2년생 밤나무를 직접 심으신 적이 있었다. 1973년 9월 25일 박 대통령은 이 밤나무로부터 탐스러운 알밤 5개를 수확하셨다. 너무 기뻐서 김현옥 내무부 장관에게 친필로 키가 약 2.5m 자랐음을 알리고 4년생부터 밤을 수확할 수 있다고 써 보내셨다. 밤 3알을 편지에 동봉하여 김 장관에게 물과 비료를 어떻게 주라는 식으로 자세한 지침까지 적어서 내려 보내신 것이다. 김 장관은 밤알을 알코올 병에 넣어두고, 대통령의 메모는 표구하여 벽에 걸어두어서 관계공무원들이 베껴가도록 했다."

– 1990년 12월호 「월간 조선」

밤나무는 전 세계적으로 10여 종이 분포하는데, 재배되는 밤나무에는 일본밤, 중국밤, 유럽밤, 미국밤 네 종류가 있다. 한국의 밤나무는 일본밤에 속하며, 세계에서 가장 큰 밤알(40g 이내, 작은 계란 정도)을 생산하기 때문

박 대통령이 밤나무에 얼마나 관심이 많았는지를 보여주는 사진이다. 청와대에 직접 심어 가꾼 밤나무에서 2년 후 밤을 다섯 알 수확하고 너무 기뻐서 김현옥 내무부장관에게 친필과 함께 밤 세 알을 보내 밤나무 재배를 격려했다. (사진: 박승걸 제공)

에 식량에 큰 보탬이 된다. 1968년을 '다목적 산림개발의 해'로 정한 산림청은 산림으로부터 소득원 개발의 한 수단으로써 밤나무 조림을 권장하기 시작했다. 농경지가 절대적으로 부족한 상황에서 야산을 개간하여 밤나무를 심으면 농촌 소득에 도움이 되고, 국가 차원에서는 식량부족을 해결할 수 있는 방안이 되는 까닭이었다.

박 대통령은 밤의 경제성을 분석하도록 지시했고, 경제성이 확인되자 농민들에게 홍보하여 많이 심을 것을 권장했으며, 식목일 행사에서도 밤나무를 많이 심으라는 구체적 지시까지 내렸다. 박 대통령의 구체적 지시란 이런 식이었다. "마을 주변 계곡에는 이태리포플러나 현사시를 심어라. 산기슭에는 밤나무를 심고, 산 중턱에는 잣나무를 심는 것이 좋다." 대신 소나무에 대한 언급이 거의 없었다. 소나무는 당시 그리고 지금도 각종 병해충에 시달려서 심을 수가 없다는 것을 박 대통령은 이미 파악하고 있었던 것 같다.

1974년 12월, 박 대통령은 임목육종연구소에 유실수과誅를 신설하고 연구인원 30명을 대폭 증원시켜서 유실수 재배에 대한 장기적인 연구

경북 월성군 외동면 문산리는 야산 100ha 규모의 면적에 대단지 밤나무 조림지를 조성했다. 박 대통령은 밤이 식량을 대체하고 농촌 소득 증대에도 기여한다고 제일 먼저 주장한 사람이다. 실제로 밤은 1994년도 농산물 수출 1위 품목이었다.

기반을 쌓도록 했다. 그가 국민의 식량 확보를 위해 얼마나 공을 들이고 있었는지 읽히는 대목이다. 밤의 신품종 개발에는 평생 밤나무를 연구한 박승걸朴勝杰 과장의 숨은 공로가 컸다. 이 밖에도 청와대 경제비서관실에서 일본식 밤 과자와 프랑스식 밤조림 과자의 연구개발을 지시하고, 유실수 재배를 권장하거나, 각 시도를 순시하며 유실수 조림현황을 확인했다는 기록은 여러 곳에서 보인다. 1976년 7월 12일 경제기획원이 주관하는 월간경제동향보고회 때, 밤의 가공처리에 대한 토론이 있

1960년대와 70년대의 대규모 밤나무 조림은 산림녹화, 식량 생산, 소득증대의 1석3조의 효과를 가져온 대표적인 유실수였다.

었다는 기록을 함께 음미해볼 만하다. 박 대통령은 유실수 재배를 산림청 차원이 아니라 국가적 과업의 차원에서 다루고 있었던 것이다. 전 국민의 식량이 부족한 상황이었으니 식량에 보탬이 된다면 무슨 방법인들 시도하지 않았을까?

박 대통령의 특별한 관심에 힘입어 1970년대부터 남쪽지방에서 밤 재배 면적이 지속적으로 늘어났으며, 1979년도에는 1,400만 달러에 해당하는 밤을 일본으로 수출했다. 수출 물량은 계속 증가하여 1994년에는 인삼의 1억1천만 달러를 추월하여 1억4천만 달러의 밤을 수출하여 농산물 수출 중에서 으뜸을 차지하여 '효자나무'라는 별명을 얻었다. 세계적으로 밤나무 재배면적은 2007년도 기준 총 34만3천ha에 이르는데, 한국의 밤나무 재배면적은 2007년 기준 77,193ha로서 전 세계 재배면적의 23%를 차지하고 있다. 중국, 터키 다음 세 번째로 넓은 면적이다.

제11장

새마을운동을 통한 국토녹화

우리 국민들은 정부수립 후 가장 잘된 정책이 새마을운동이라고 한다. 물론 새마을운동이 산림녹화사업은 아니다. 그러나 새마을운동은 산림녹화사업을 포함했으며, 그 비중이 결코 적은 것도 아니었다. 또, 새마을운동의 세 가지 기본정신 중 자조와 협동은 1960년대의 연료림 조성사업이 그 시발점이다. 마을 단위의 산림계에서 그 정신이 길러져 계승되어왔던 까닭이다. 우리나라 산림녹화의 성공과정을 취급하는 이 책에서 새마을운동을 다루지 않을 수 없는 이유이다.

:: 농어민소득증대특별사업

새마을운동을 제대로 이해하기 위해서는 우선 새마을운동의 전 단계 사

업을 필히 살펴볼 필요가 있다.[3] '농어민소득증대특별사업'(약칭 '농특사업')이
라는 것이다.

새마을운동이 본격적으로 시작된 것이 1971년 초인데 비해 농특사업
이 출범한 것은 1968년이다. 군사혁명이 일어난 지 8년째 되던 해이며
새마을운동보다는 3년 전이다. 농특사업이란 것을 처음 발표하면서 박
대통령은 이렇게 말했다.

> "초가 속에 대를 이어가며 낙을 모르고 다만 의衣와 식食에 얽매여온 농어민에게
> 삶의 즐거움과 보람을 안겨주자는 것, 이것은 나의 끊임없는 소원입니다. 나는 오
> 늘날까지 그것을 하루도 잊어본 적이 없습니다. 농어민에게 생기 넘친 삶의 터전
> 을 마련하고자 수입이 큰 사업을 지방마다 알맞게 벌이자는 것이 바로 '농어민소
> 득증대특별사업'입니다."[3]

박 대통령의 말을 한마디로 줄이면 '농어민의 소득을 높여주기 위해
국가가 나서겠다.'는 것이다.

군사혁명 이듬해부터 시작된 제1차 경제개발 5개년계획은 1966년
에 성공적으로 완수되었다. 연간 경제성장률 7.1%를 기록했으니 '성공
적'이라는 데 아무 이의가 없을 것이다. 그러나 농촌은 아직도 옛 모습
그대로였다. 정부가 농어촌 고리채 정리, 농업용수 개발, 경지정리 등의
농업정책을 펴서 농촌 소득을 높이려고 했으나, 도시의 산업화가 더 빠
른 속도로 진전되고 있어 도농都農 간의 소득격차가 더 벌어지고 있었다.

특히 농촌은 식량이 절대적으로 부족한 상황을 벗어날 수 없었다. 춘
궁기에 해당하는 4~5월에는 식량도 바닥이 나고 보리는 아직 익지 않
는다. '보릿고개'라는 잔인한 현실이 위엄을 떨치는 것이다. 논두렁의
쑥을 캐 먹고, 소나무 속껍질을 벗겨 먹어야 하는, 말 그대로 초근목피草

根木皮로 연명하는 농민이 상당수 있었던 것이다. 식량이 부족해서 아사자가 속출한다는 요즘 북한의 농촌 모습과 흡사하다고 생각하면 된다.

당시 농촌의 참상을 누구보다 잘 알고 있는 사람이 박 대통령이었다. 국가 경제발전에 약간의 자신을 얻기는 했지만, 도시와 농촌 사이에 소득격차가 더 벌어지고 있다는 점에 대해서는 뼈저린 아픔을 체감해야 했다. 박 대통령은 1967년 연두교서에서 농업정책의 기본 틀을 밝혔다. '획기적인 농공병진정책農工竝進政策과 농어민의 소득증대에 농림정책의 기본을 둔다.'는 것이 그것이다. 그리고 그 이듬해 '농특사업'이 출범했다. 1968년부터 1971년까지는 4개년 계획사업으로 하고, 1972년부터는 경제개발 5개년계획 기간에 맞추는 것으로 하였다. 1968년도 제1차 연도에는 전국에 47개 지구만 지정하고, 제2차 연도부터 90개 지구로 확대하여 실시했다.[3]

'농특사업'에 선정된 '품목(상품)'은 농산물, 축산물, 수산물을 망라했다. 팔아서 돈이 되는 사업, 수익성이 있는 작목이면 모두 대상으로 삼았다. 먹고 살기 위해서 짓는 농사가 아니라 돈을 벌기 위한 '상업적 영농'을 해보자는 것이었다. 당시 농촌이 쌀이나 무, 배추, 감자, 고구마 따위만 길러서 식량 충족에나 급급하던 것에 비하면 그야말로 발상의 전환이 아닐 수 없었다. 채택된 총 품목 수는 34개였다. 비닐하우스 채소, 양송이, 호프, 아마, 고추, 사과, 배, 복숭아, 포도, 감귤, 대나무, 밤나무, 양잠, 낙농, 비육우, 한우, 굴, 해태, 등이다.[3]

대표적 '상품' 두세 가지에 대해 좀 더 자세히 알아보자. 첫째는 비닐하우스를 이용한 고등채소다. 오늘날에도 우리의 식단을 사계절 내내 푸르게 해주는 주인공이 바로 이때 탄생한 것이다. 당시까지만 해도 한국에는 비닐하우스 농사가 널리 보급되어 있지 않았다. 폴리에틸렌 필름이 그때 겨우 생산되기 시작했고 철골도 부족했으니 당연했다. 반면

비닐하우스 고등채소 재배는 1968년 시작된 농어민소득증대특별사업의 대표적인 예이다. (1976년 강원도 춘성군 신북면 신동리 200ha)

일본은 비닐하우스가 크게 보급되고 있었다. 당시 한국에는 초가집, 판자촌이 즐비하고 농촌에는 전기보급률이 25% 수준에서 맴돌 때였는데, 일본의 비닐하우스는 넓고 높을 뿐만 아니라 전기까지 들어왔다. 우리나라에 갖다 놓으면 그 어떤 농가보다 훌륭한 주택이 될 정도였다.

박 대통령은 농특사업에서 가장 중요한 상품으로 비닐하우스 고등채소를 권장하도록 방향을 잡았다. 선경화학(지금의 SK 그룹)주식회사에서 막 폴리에틸렌 필름을 양산하기 시작했던 것이다. 그러나 당시에는 철골을 제대로 지원할 수 없어 긴 대나무를 쪼개어 양 끝을 뾰족하게 깎아 밭두렁에 꽂고 비닐을 덮는 나지막한 터널 방식으로 시작했다. 온갖 어려움이 많았지만, 비닐하우스는 대성공이었다. 수백 년간 지켜져 온 공식 '농가 주수입원=쌀'이라는 등식을 깨뜨려 버리고 비닐하우스 작물이 당당히 농가 주수입원의 자리를 차지한 것이다.

지금은 더하다. 우리 식탁을 부담 없는 가격으로 사계절 싱싱하게 장식해주는 고추, 상추, 오이, 토마토, 딸기, 수박 따위는 물론, 각종 버섯,

포도, 감귤, 다래, 닭, 오리 등 가금류에 이르기까지 비닐하우스 출신이 아닌 것이 없을 정도다. 쌀농사를 빼놓고는 모든 농사를 비닐하우스에서 다 지을 수 있다는 우스갯소리가 나올 정도이니 1968년은 공급자인 농부들이나 소비자인 도시민 모두에게 명실공히 기념비적인 해가 아닐 수 없다.

충북 청원군에 사는 하사용河四容 씨는 농특사업으로 성공한 대표적인 농민이다. 그는 7년간 머슴살이를 하다가 어렵게 모은 돈으로 땅 200평660㎡을 구입하여 농사를 시작했다. 이후 농특사업의 도움으로 비닐하우스를 짓고 고등채소를 재배하여 큰 소득을 얻게 되었다. 하 씨는 전국 농특사업 전진대회 첫 번째 성공사례로 선정되어 최우수상을 받았고, 1969년 11월 대통령이 참석하는 월간경제동향보고회에서 직접 발표하는 기회를 가졌다. 매우 서툰 발표였으나 마음을 움직이는 순박함에 박 대통령은 감동하여 눈물을 닦으면서 "저렇게 가난한 사람도 열심히 일하니 성공하지 않느냐? 누구나 '하면 된다'는 것을 보여주었다."고 치하하고, 비닐하우스 재배를 널리 보급하는 데 앞장서 달라고 했다.[3]

농특사업의 두 번째 자리를 차지한 것은 후지사과일 것이다. 당시 농림부 고병우 국장 일행은 일본 나가노 사과연구소를 방문했다.[3] 입구에 정자나무보다도 더 큰 사과나무가 서 있었다. 그 많은 가지에 사과가 주렁주렁 엄청나게 달려 있었다. 안내자의 설명을 들으니 열린 사과 수가 1,800개인데 단 하나도 같은 품종이 없다는 것이다. 시험하느라 전부 다른 가지로 접을 붙여 키우고 있다고 했다. 고병우 국장은 대뜸 "어느 사과가 가장 크고 맛이 좋으냐?"고 물었더니 "후지사과"라는 답이었다. 성급한 한국사람 특유의 기질에서일까, "후지富士사과 품종을 한국에 수입하겠다."고 그 자리에서 결정하고 이를 경남 거창지구 사과단지에 심게 했다. 그 사과가 지금은 우리나라에서 대표 사과 자리를 차지하고 있

충북 청원군의 하사용 씨는 농특사업(농어민 소득증대특별사업) 덕분에 성공하여 1969년 11월 대통령 앞에서 사례발표를 했다. 박대통령은 눈물로 치하했다.

으니, 이 역시 농특사업의 당당한 성공사례이다.[3]

셋째 자리는 제주도 감귤이라고 할 수 있다. 1950년 6.25전쟁 발발 직전에 우리 국민들은 성금을 모아 세계적인 육종학자 우장춘禹長春 박사를 일본으로부터 모셔왔다.[36] 그는 우선적으로 감귤의 개량을 시도하기도 했지만, 전쟁으로 사업을 완수하지 못하고 말았다. 원래 제주의 감귤나무는 육지의 감나무처럼 키가 커서 사다리를 놓고 올라가 귤을 따야 했다. 당시 귤 값이 얼마나 비쌌던지 "울타리 안에 귤나무 두 그루만 있으면 자식 하나 대학 보낼 수 있다." 하여 별칭 '대학나무'라 불렸다. 그런데 일본의 감귤나무는 키가 작고 열매는 많이 열렸다. 이렇게 좋은 '상품'이 바로 우리 농특사업이 찾고 있는 작목이 아니겠는가? 당시 농특팀은 일본 농림성에 감귤묘목 3천 본을 주문했다.

남제주군의 시험포장에서 묘목재배를 마친 후, 제주도 전역에 농특사업으로 감귤을 보급했다. 묘목은 모두 무상으로 보급하고 삼나무를 이용한 방풍림 조성도 지원하였다. 그로부터 40년이 지난 지금, 제주도 어디에서건 키가 큰 재래종 감귤나무는 자취를 감춘 대신 개량된 감귤이 제주도 구석구석을 장식하고 있다. 요즘 우리 전 국민에게 미안할 정도의 가격으로 연중 싱싱한 비타민을 공급해주고 있다.

1968년부터 71년까지 4개년 계획사업으로 추진해온 농특사업은 1971년 말 성공적으로 목표를 모두 초과달성했다. 참여 농어가의 소득이 도시근로자의 소득을 앞지르는 성과를 거두게 되었다.[3] '농특사업'은 1972년부터 1976년까지 제2차 계획을 세웠지만 그 시기에 내무부에서 계획해온 '새마을 가꾸기 사업'과 공동으로 추진하면서 명칭도 '새마을 소득증대사업'으로 바뀌었다. 이것이 바로 새마을운동의 전신이다.

:: 새마을운동

1970년은 경부고속도로 전 구간이 개통되어 전국이 1일 생활권이 되었는데도, 유독 농촌만은 80%가 아직도 초가지붕이었다. 전기가 들어가는 집은 27%에 그쳤고, 나머지는 호롱불이었다. 1948년 5월 북한의 갑작스런 단전으로 1968년까지 제한송전을 하지 않을 수 없었던 전력난 때문이었다. 1967년 당시 발전설비용량은 고작 87만kw에 불과했다. 2015년의 8,630만kw에 비교하면 고작 1%밖에 안 되어 얼마나 초라한지 알 수 있다. 식수는 마을에 한두 개 있는 우물에 의존했고, 그나마 부족하면 샘물을 받아 썼다. 닭을 기르는 집도 흔치 않아서 달걀을 한두 개 구하기도 힘들었고, 소 한 마리라도 있는 집은 대단한 부자 취급을 받을 정도였다. 그 무렵 미국 잡지 「라이프」는 한국 농민들을 가리켜 "수천 년 전이나 지금이나 변함없이 지게를 지고 논두렁을 기어 다니는 동물"이라고 표현했다. 기분 나쁘지만 실제가 그러했다.

박 대통령은 언제부터 새마을운동에 대한 생각을 가지고 있었을까? 박정희 대통령은 1950년대 초 유달영 씨의 『새 역사를 위하여』라는 책

1964년 3월 경북 대구의 한 농촌은 아직도 초가집에 뒷동산은 온통 민둥산이었다. 선글라스를 쓴 박 대통령이 새마을운동이 시작되기 전 초라한 농촌을 둘러보고 있다.

에서 덴마크를 부흥시킨 그룬트비히와 달가스 이야기에 감명을 받고 농촌부흥에 대한 염원을 가지게 되었다.[14] 1961년 6월 12일 군사혁명 한 달 내에 발표된 '재건국민운동에 관한 법률'에서 "협동 단결하고 자립·자조 정신으로……"라는 표현이 있으나 농촌을 구체적으로 지칭하지는 않았다. 맨 처음 기록으로 남아 있는 것은 다음 해 1962년 8월 박 대통령이 리·동 조합장들에 행한 연설의 육필 원고이다.[16]

"본인은 최근 호남 일대의 농촌을 다녀왔습니다. 전남의 모범농촌 조성운동은 확실히 우리나라 농촌에 혁명을 일으키고 있는 상록수운동이라고 생각합니다. 이러한 운동의 목표는 '잘살아 보자'는 것입니다 (중략) 이러한 부락에는 반드시 건실하고도 의욕적인 농촌지도자가 있었습니다. (중략) 하늘은 스스로 돕는 자를 돕는다고 했습니다. 그런 자조정신이 없는 농민들을 정부가 다 같이 도와줄 수는 없습니다."

이러한 구상이 행동으로 옮겨지게 된 계기가 있었다. 1969년 7월 경

경북 청도군 청도읍 신도1리는 새마을운동의 도화선 역할을 했다. 새마을운동이 시작되기 전부터 '새마을'로 변신한 이 마을을 박 대통령이 시찰하고 아이디어를 얻었다.

남북 일원은 혹심한 수해를 입었다. 이해 8월 4일 박 대통령은 수해복구 현장 시찰을 위해 특별열차로 부산으로 향하다가 철도변에 유난히 깨끗하게 잘 정돈된 마을을 발견하고 기차를 세웠다. 경북 청도군 청도읍 신도1리 마을이었는데, 이미 수해복구가 말끔히 되어 있었다. 산림이 울창할 뿐 아니라, 마을 안길은 넓혀져 있었으며, 지붕도 말끔하게 개량되고 담장 역시 단정하게 다듬어져 있는 등 생활환경이 연도의 다른 마을들과는 크게 달랐다. 깊이 감동받은 박 대통령이 물으니, 마을총회에서 기왕 수해로 쓰러진 마을을 복구하는 기회에 환경을 좀 더 잘 가꾸어 깨끗하고 살기 좋은 마을로 만들자고 결의한 후 마을 주민들이 자진해서 협동으로 이루었다는 것이었다.[16]

　이듬해 1970년 4월 22일 한해대책 전국지방장관회의 석상에서 박 대통령은 신도마을 사례를 소개하며 농민의 자조노력을 강하게 호소하면서 '새마을 가꾸기 운동'을 제창했다. 이날은 역사적인 날이며, 지금도 새마을운동을 제창한 날로 기념되고 있다.[16)]

"하늘은 스스로 돕는 자를 돕습니다. 마을 주민들의 자발적인 의욕이 우러나지 않는 마을은 5천 년이 가도 일어나지 못할 것입니다. 마을 주민들이 해보겠다는 의욕을 갖고 나서면 정부에서 조금만 도와줘도 2~3년이면 일어날 수 있습니다. …… 그 마을의 지도급에 속하는 사람들이 모여 스스로 계획을 짜내고 연구를 해야 합니다. 그리하여 마을 사람들이 해야 할 일과 정부로부터 도움을 받을 일을 구분해서 일해 나가도록 분위기를 만들어주는 것은 역시 우리 공무원들이 해야 할 일이라고 생각합니다. 마을까지 자동차가 들어갈 길이 없어 십 리 밖에서 지게로 짐을 날라야 하는 이런 고장이 발전하겠습니까? 금년에는 주민들의 힘으로 길을 닦고 다리를 놓아야겠습니다. 주민들의 힘으로 할 수 없는 것은 군이나 도에서 지원할 것입니다. 이 운동을 '새마을 가꾸기 운동'이라고 해도 좋고 '알뜰한 마을 만들기 운동'이라고 해도 좋을 것입니다."

위 내용은 새마을운동의 기본정신을 담고 있으며, 막연하던 구상이 상당히 구체화되었음을 알 수 있다. 게다가 1970년 현재 진행 중인 농특사업과는 분명히 다른 점이 있었다. 농특사업이 단순히 농민들의 소득을 올리는 사업이라면, 이번에는 농촌의 전반적인 발전과 정신개조를 거론하는 것이다.

내무부는 구체화된 이 훈시에 따라 준비 기간을 거쳐 1970년 10월 5일부터 4일간 전국 읍·면장에게 새마을 가꾸기 교육을 실시했다. 1971년 3월 24일 박 대통령은 '내 집 앞 쓸기 운동'을 제창했으며, 같은 날 청와대 직원들과 함께 거리 청소를 실시했다. 박 대통령은 '새마을운동'이라는 공식적인 명칭을 채택하고, 같은 해 8월 19일 내무부에 새마을운동 전담부서를 신설하고, 9월 29일 새마을 정신을 '근면勤勉, 자조自助, 협동協同'으로 규정하였다.

이듬해인 1972년 3월 7일 대통령령으로 새마을운동중앙협의회 규정을 제정하여 새마을운동이 공식적으로 출범하게 되었으며, 동시에 박 대통령은 지방장관회의에서 금년도 중점사업이 새마을운동이며 새마을정신을 범국민화하라고 지시했다. 이어서 박 대통령은 4월 21일 새마을 노래를 직접 작사 작곡하는 열의를 보였다.

역사의 수레바퀴는 묘한 곳에서 동력을 얻는다. 1970년 10월 5일 전국 읍·면장을 대상으로 한 새마을 가꾸기 교육 중에 공화당 김성곤金成坤 의원이 국내 시멘트가 과잉 생산되어 업계가 혹심한 자금난을 겪고 있으니 특별융자를 해주면 좋겠다는 건의를 했다. 박 대통령은 뜻밖에 김정렴 비서실장에게 "남아도는 시멘트를 부진한 새마을 가꾸기 운동에 돌릴 수 있는 방안을 강구해보라."고 지시했다.

1970년 10월, 전국의 34,665개 마을에 300~350부대씩의 시멘트가 무료로 지급됐다. 지급된 시멘트는 반드시 마을 공동사업을 위해 써야 한다는 조건이었다. 예컨대 마을 진입로 확장, 작은 교량 건설, 우물 시설 개선, 공동 목욕탕 건립, 작은 하천의 둑 개조, 공동 빨래터 만들기 등을 열거해주었지만, 시멘트 사용처는 전적으로 부락민에게 자율적으로 맡겼다. 시멘트 무상 배급에 대한 주민의 반응과 결과는 마을마다 다르게 나타났다. 박 대통령은 내무부로 하여금 면밀한 사업평가를 하도록 지시하였는데, 전국의 약 3만5천 개 마을 중 1만6천여 개 마을만이 좋은 성과를 올린 것으로 나타났다.[16]

새마을 가꾸기 사업 2차 년도인 1972년에 박 대통령은 1차 년도에 열성과 성의를 다해 좋은 성과를 올린 16,600개 마을에만 시멘트 500부

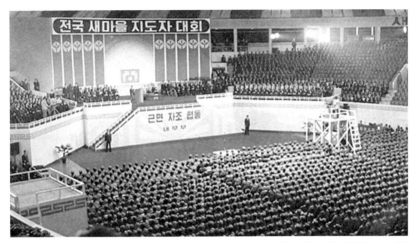

새마을운동의 기본정신이 근면, 자조, 협동임을 행사장 전면에 붙은 구호로 알 수 있다. 전국 새마을지도자대회의 모습이다.

대와 철근 1톤씩을 배분하도록 지시했다. 이에 대해서 내무부는 당황했고, 여당인 공화당은 대경실색하면서 제외된 마을은 다음 선거 때 공화당을 지지하지 않을 것이라고 극구 반대했다. 하지만 박 대통령은 자조정신을 발휘하여 스스로 노력하는 마을에만 지원한다는 원칙을 고집했다. 후에 진행된 '농촌 전화(電化, 전기보내기)사업'에서도 전봇대에서 가까운 순서대로 가설하는 것이 아니라, 멀리 떨어져 있더라도 새마을사업의 성과가 좋은 마을을 먼저 넣어주라고 지시했다.

3차 년도에도 박 대통령은 주민들의 참여도에 따라 전국 3만5천 개 마을을 3등급으로 나누어 최하위 마을을 제외시켰다. 신상필벌의 원칙을 적용한 것이다. 그런데 무기력하고 태만하던 농민 사이에서 놀라운 반응이 일어났다. 지원에서 빠져 자존심이 상한 마을에 경쟁심과 협동정신을 스스로 불러일으키는 계기가 된 것이다. 급기야 새마을운동은 요원의 불길처럼 전국으로 퍼져나갔다고 박진환(朴振煥) 전 청와대 경제특별보좌관은 기록하고 있다.[16]

1972년 경북 청도군 아낙네들이 정부에서 지급한 시멘트로 블럭을 만들어 운반하고 있다. 새마을운동에서 부녀자들의 기여도는 결코 남성들에 뒤지지 않았다는 평가다.

새마을운동은 대성공이었다. 정부는 1971년부터 1984년까지 새마을운동에 총 7조2천억 원의 예산을 투여하기도 했지만, 그 성공요인을 김정렴金正濂 대통령 비서실장은 퇴임 후에 이렇게 기술하고 있다.[9] 우선 박 대통령은 새마을운동을 농촌의 환경개선사업부터 시작했으나 더 중요한 소득증대와 연결시켰다는 점이다. 그 첫 번째 사례가 서울대학교 허문회許文會 교수가 개발한 '통일벼'의 보급이었다. 재래 품종이 1,000m²당 329kg의 쌀을 생산한 것에 비해 통일벼는 437kg을 생산했다. 이처럼 신품종으로 평균 33% 증산을 시킨 것은 세계적으로 그 유례를 찾기 어려운 획기적인 녹색혁명으로 일본의 세계1위 쌀 생산성까지 추월하게 되었다. 즉 새마을운동은 한국의 5천 년 역사를 통해 한민족의 주식인 쌀의 자급자족과 농촌의 굶주림을 추방한 대과업을 완성한 것이다.

두 번째 사례는 제2차 농특사업(1972-1976년)과 연계시킨 점이다. 이를 통해 비닐하우스 채소재배, 양봉, 양송이, 과일, 담배, 연안양식, 비육우

새마을운동은 농촌에서 시작되었지만, 도시와 직장으로 퍼져나가서 도시민들의 정신개조(깨끗한 도시, 교통질서 확립 등)에도 크게 기여했다. (사진: 대전시 도시새마을운동)

등을 권장했다. 또 농외소득 향상을 위해 농촌에 새마을공장을 유치하도록 했다. 이로 인하여 농가소득이 1970년 농민 1인당 137달러에서 1975년에는 약 300달러, 1978년에는 약 700달러로 8년 동안 5배 이상 늘어났다. 도농都農 간 소득격차도 줄어들었는데, 1967년 농민 소득이 도시노동자에 비해 60% 수준이었으나 1974년부터는 오히려 도시노동자 소득을 앞지르기 시작했다.

농촌의 소득과 협동정신을 높이는 데 기여한 사업으로 빼놓을 수 없는 것이 또 하나 있다. 1973년 시작된 제1차치산녹화 10개년계획이다. 새로 부임한 손수익 산림청장이 새마을조직을 이용한 새마을양묘를 크게 확대하였는데, 이를 통해서도 마을의 공동소득을 지속적으로 올릴 수 있었던 것이다.

농촌에서 시작된 새마을운동은 공장과 도시로 서서히 퍼져나갔다. 공장이나 도시 근로자들은 대부분 농촌 출신이었다. 새마을운동으로 농촌의 모습뿐 아니라 농민들의 마음가짐도 변화하는 것에 감명을 받고, 자신들의 직장에서 스스로 새마을운동을 전개해야겠다는 생각을 가지게 되었다. 이에 발맞추어 박 대통령은 도시새마을운동과 공장새마을운동, 그리고 학교새마을운동을 관계 부처에 지시했다. 도시새마을사업은 주거환경 깨끗이 하기, 질서 지키기, 이웃끼리 알고 지내기, 부모님과 노인 섬기기, 그리고 공장새마을사업은 노사 간의 화합과 생산성 높이기 등으로 발전하였으며 후에는 자연보호운동으로까지 번져나갔다.[9]

:: "새마을운동에서 정치성을 배제하라"

새마을운동은 한국 민주주의의 훈련장이었다는 평가를 받는다. 초기의 마을 공동사업은 마을 진입로 개설과 마을 안길을 넓히는 사업이었는데, 정부가 부지에 대해 보상금을 지급하지 않았다. 대신 도로 양측의 토지 소유자가 마을을 위해 농토의 일부를 희사해야 했고, 그 밖의 주민은 노동력을 제공했는데, 이는 모두 자율적이고 민주적인 토론과 합의로 진행되었다. 또 새마을부녀회가 조직되어 새마을운동의 한쪽 수레바퀴를 담당함으로써 농촌 여성들의 지위와 발언권도 획기적으로 향상되었다. 특히 주부들은 남자들의 음주와 노름을 타파하는 운동을 벌였고 저축에도 앞장섰다. 주부들이 생애 처음으로 저금통장을 개설했으며, 농업협동조합 예금액이 1971년에는 호당 12달러이던 것이 1978년에는 호당 507달러로 늘어난 것이 좋은 증거다.[9]

박 대통령은 초기부터 새마을사업에서 정치성을 철저히 배제했다. 1970년대 초 공화당에서 새마을지도자를 당원으로 가입시키자는 의견을 냈는데, 박 대통령은 불쾌한 표정으로 "누구든 새마을운동을 정치적으로 이용해서는 안 된다. 새마을운동이야말로 농민들에게 근면, 자조,

농촌의 새마을공장은 농촌의 젊은이들에게 많은 일자리를 제공했고, 농민소득 증대를 가져와 대체연료를 사용함으로써 산림녹화에도 간접적으로 기여했다. (전북 남원군 주천면 용담리, 1975년)

협동의 정신을 일깨워 농민이 잘살고 마을을 잘살게 하며 나라가 잘 되게 하는 순수한 국민운동으로 승화시켜야 한다."고 했다. 지금 생각해도 당시 새마을운동을 정치적으로 이용했더라면 결코 성공할 수 없었고, 지금과 같이 개발도상국의 발전모델로도 발전하지 못했을 것이다.

일부에서는 새마을운동 시작 후에 '유신헌법維新憲法'이 제정되었다는 이유를 들어 정치적인 의도가 있었다는 해석도 있다. 그러나 박 대통령은 서거하는 날까지 9년 동안 매달 개최되는 월간경제동향보고회의 마지막 순서로 두 건의 새마을 성공사례를 국무위원들 앞에서 농민이 직접 발표하게 했다. 정치적 쇼라면 그런 일이 어떻게 9년 동안 100회 가까이 지속될 수 있었을까?[16] 유신헌법 체제하에서는 대통령 선거가 사실 형식적이었다. 무조건 당선이었다. 따라서 정권을 유지하기 위해 무슨 조직이든 선거에 동원할 필요가 없었다. 바로 이 점이 새마을운동을 순수하게 그리고 장기적으로 이끌어 갈 수 있었던 배경이었다고 생각한다.

1970년대 새마을운동은 농촌의 모습을 완전히 바꾸어놓았다. 우선 모든 마을에 자동차가 들어갈 수 있는 길이 뚫렸고, 마을버스 노선도 생기고, 오토바이가 보급되기 시작했다. 그 다음으로 전국 어디에나 전기가 보급되었다. 1965년 농어촌의 전기보급률(전화율)은 13.1%, 1970년에는 27%였지만, 새마을운동으로 1979년에는 전국의 전화율이 98.7%에 달했다. 초가지붕은 모두 사라지고 대신 기와나 슬레이트로 바뀌었다. 그 밖에 모든 농가에 간이 상수도시설이 설치되었고, 이것이 어려운 지역에서는 기존 우물에 양수펌프를 설치하여 부엌까지 물이 오도록 했다. 1978년까지 모든 마을에 전화가 연결되었으며, 마을 하천의 둑이 개수되었다. 그리고 모든 마을에 마을회관이 세워져 회의장, 공동구매장 혹은 탁아시설로 활용되었다.

박 대통령의 새마을운동에 관한 속마음을 보여주는 일화가 있다. 김

박 대통령은 산업체 부설 야간학교를 신설하도록 유도하여 여공들에게 배움의 길을 열어주었고, 더불어 상급학교 진학과 교복 착용의 꿈까지 실현시켜 주었다.

성진 전 문화공보부 장관이 전하는 얘기다.[5] 박 대통령은 어느 날 수출품을 생산하는 공장을 시찰했다. 농촌 출신의 어린 기능공들이 열심히 일하는 모습을 지켜보다가 어느 여자 기능공에게 소원이 무엇인지 물었다. "영어 공부를 하고 싶습니다. 영어를 모르니까 감독님 말씀을 잘 알아들을 수가 없어요."라고 했다. 뜻밖의 대답에 박 대통령은 어린 시절 가난했던 기억이 되살아났던지 눈에 이슬이 맺혔다. 옆에 있는 사장에게 "얘들이 공부할 수 있는 길이 없겠는가?"라고 물었다. 사장이 야간학교를 만들겠다고 화답했다.

얼마 후 중학교 과정의 야간학교가 문을 열어 기능공들은 주경야독晝耕夜讀의 고생 끝에 졸업하게 되었다. 그런데 문교부가 중학교 졸업장을 줄 수 없다고 했다. 수업 실적이 규정에 미달한다는 뜻이었을 것이다. 이를 알게 된 박 대통령은 대노하면서 그런 규정을 당장 뜯어 고치라고 호령했다. 결국 중학교 졸업이 인정되었으며, 야간새마을중학교가 여기저기 개설되었다.

김성진 씨는 공장새마을운동을 다음과 같이 평가한다.

"공장새마을운동을 착실히 한 기업은 매월 노사협의회를 통해 경영정보를 교환하고 애로사항을 토론하면서 신의를 두텁게 하여 노사공동체를 만들었다. 공장새마을운동 추진본부가 만들었던 표어 가운데 '근로자는 공장 일을 내 일처럼, 경영자는 근로자를 가족처럼'이라는 것이 있다. 오늘날 우리나라 산업사회의 분위기에서 보면 참으로 필요한 운동이 아닌가 생각된다."

– 김성진, 「공장새마을운동과 새마을학교」

새마을사업의 성과를 김정렴(金正濂, 전 대통령비서실장) 씨는 다음과 같이 요약하고 있다.

"농가소득은 1974년부터 도시노동자의 소득을 상회할 만큼 증가했다. 새마을운동 10주년에 해당하는 1980년 4월 전국의 마을회관은 35,950개소, 신설 농로 44,000km, 폭을 넓힌 마을도로 40,000km, 신설 용수로는 4,440km에 달했다. 1981년까지 농가 호당 소득목표액을 140만 원(미화 2,892달러)으로 잡았는데, 1977년에 이 소득목표액을 앞당겨 달성하게 되었다."[9]

조갑제(趙甲濟) 전 「월간 조선」 대표는 새마을운동의 역사적 의미를 되새기면서 "우리 민족사에서 농민이 수동적 백성 의식을 떨쳐버리고 역사 창조에 자발적이며 주도적으로 참여한 것은 이것이 처음이었다. 그리고 주민들이 토론을 통해서 새마을사업의 내용을 스스로 결정하게 함으로써 '풀뿌리 민주주의'를 싹트게 하는 계기가 되었다."고 평했다.[44]

새마을운동 창설 당시 주역을 맡았던 박진환(朴振煥, 대통령 경제담당 특별보좌관) 씨는 새마을운동에서 협동의 중요성을 이렇게 설명했다.

농촌마을은 지붕 개량과 도로 포장 등의 새마을운동 덕분에 풍요로운 고장으로 탈바꿈했다. (1976년)

"협동이란 1+1=2이지만 사람의 힘은 1+1=α(알파)다. 이 알파는 0일 수도 있지만 마음이 맞는 사람끼리 힘을 합하면 알파는 무한대까지 커질 수 있다. 그러나 마음이 서로 맞지 않는 사람들이 모이면 싸움만 생겨 알파는 마이너스가 될 수도 있다. 새마을운동의 협동정신은 이 알파를 무한대로 키우는 운동이다."[16]

:: 새마을운동과 산림녹화

새마을운동은 산림녹화사업과 뗄 수 없는 긴밀한 관계에 있었다.[51] 1961년 12월 군사 정부는 정부수립 이후 처음으로 산림법을 제정하고, 마을단위로 산림조합(실제로는 산림계)을 결성하여 연료림 조성과 같은 산림사업을 마을 협동사업으로 이끌도록 했다. 여기에 동참하여 협동하지 않으면 연료를 채취할 수 없게 법으로 제도화한 셈이다. 또한 1973년 치산녹화 10개년계획을 수행하는 기간에는 새마을 조직을 이용해 새마을 양묘를 했는데 주민 간의 협동으로 이뤄진 대표적인 사업이다. 이 사업으로 소득을 창출하여 마을기금을 조성함으로써 새마을금고가 견실해졌다. 이렇게 마을 주민 간의 협동사업은 산림사업에서부터 비롯되었

새마을운동의 기본정신 중 하나인 협동정신은 새마을운동 이전에 시작된 마을양묘로부터 싹텄다. (1975년 충남 연기군 전의면 대곡리 밤나무 마을양묘사업 묘포)

다. 산림조합을 통해 마을의 공동이익을 위해 주민 간의 협동정신이 배양되었으며, 후에 새마을운동의 기본정신이 된 '협동'은 이런 경험을 통해 자연스럽게 계승되었다.[51]

새마을운동은 조림사업도 포함하고 있었다.[51] 주요 새마을사업은 다섯 개 분야로 나누는데, 주거환경개선사업, 영농환경개선사업, 편익시설개선사업, 소득증진사업, 마을환경개선사업을 포함하고 있었다. 이중에서 마을환경개선사업에는 '새마을조림'이 별도항목으로 되어 있었다. 1973년부터 1978년까지 47만ha의 조림이 새마을조림으로 분류되어 있어 전국 조림의 43%를 차지했다.[11, 51] 그 밖에 1976년 '내 마을 붉은 땅 없애기 운동'이라는 것도 있었다. 이 운동은 맨땅이 붉게 드러난 자투리땅과 야산에 나무를 심어 녹화하자는 운동이었는데, 정부 주도가 아닌 마을 주민들이 자진해서 나무를 심은 모범 사례에 속한다.

새마을운동이 본격적으로 시작된 1972년 3월 박 대통령은 서울시 방배동의 새마을 현장을 시찰하고, 새마을사업으로 농촌에 유실수(주로 밤나무)

새마을양묘는 생산된 묘목을 국가가 시중가격으로 수매하여 소득을 보장해주었으므로, 농촌 소득과 산림녹화에 크게 기여했다. (충남 부여군 외산면 주암리)

를 심어 식량화하는 방안을 강구하라고 지시했다. 이에 따라서 새마을 사업으로 진행된 밤나무 양묘는 국가가 접목기술자의 인건비를 모두 부담하였다. 밤나무재배는 대개 개인적으로 실시했지만, 대통령 하사 묘목이 새마을사업으로 제공될 경우 마을사람들이 공한지空閑地에 공동으로 심어 관리한 후, 수익금을 새마을기금으로 적립하기도 했다. 결국 밤나무를 심음으로써 마을 주변의 야산은 저절로 녹화가 된 셈이다.

　새마을운동 중에는 농촌의 아궁이 개량도 들어 있었다. 재래식 아궁이는 입구가 커서 연료를 많이 소모하고 열 손실도 많았다. 특히 김현옥 내무부 장관은 농촌의 연료를 절약하는 것이 산림녹화의 전제조건이라고 믿고 아궁이 개량 연구를 지시하기도 했다. 정부는 뚜껑이 있어 연료를 절약할 수 있는 주물로 만든 개량아궁이를 개발하여 1974년부터 1979년까지 총 990만 개를 무료로 보급하였으며, 30%의 연료를 절약할 수 있었다. 1가구당 평균 4개씩 보급했으므로 농촌의 모든 아궁이를 개조한 셈이다.[24, 51]

군부대에서도 새마을운동에 동참하여 1974년 육군 3011부대 관모봉 일대 29ha에 사방공사를 실시했다.

　　정부는 새마을운동을 농촌의 소득과 연결시키기 위해 농촌에 새마을 공장을 유치하도록 했는데, 이는 산림녹화에도 도움이 되었다. 산에서 낙엽이나 가지를 긁어모으는 연료 채취는 시간이 많이 걸리고 힘든 일이었다. 새마을공장을 통해 소득이 높아진 농민들은 대신 편리한 연탄(십구공탄)을 구입할 여건이 조성되었다. 마침 새마을운동으로 마을도로가 넓어지고, 도로포장이 되어 연탄 수송이 가능해졌다. 즉 대체 연료로 인해서 낙엽 채취가 줄어들고 산림 토양이 비옥해지면서 산림보호가 자연스럽게 이루어진 것이다. 즉 산림녹화사업은 협동정신을 배양해서 새마을운동을 태동시켰고, 후에 새마을운동은 연탄 보급으로 산림녹화를 도와주었다. 그 결과로 숲이 우거지면서 내 고장이 아름다워지고, 산사태나 홍수가 줄어들어 농사도 잘됨으로써 농민들은 새마을운동의 보람을 눈으로 직접 볼 수 있게 되었다.

　　우리 국민은 대한민국 정부수립 이후 국가발전에 큰 영향을 미친 '가장 잘된 정책'으로 새마을운동을 꼽았다. 2010년 4월 22일 〈조선일

1974년 어린이들도 새마을운동에 동참하여 나무 가꾸기를 했다. (경북 금릉군 금릉국민학교 어린이들)

보)는 새마을운동 40주년을 맞아 리서치앤리서치에 의뢰해 전국 성인 1,500명을 대상으로 여론조사를 실시했다. 가장 많은 응답자(59.1%)가 1948년 정부수립 이후 지금까지 '국가발전에 큰 영향을 미친 정책'으로 새마을운동을 꼽았다. 우리나라 경제가 비약적으로 발전한 시기가 언제인지 묻는 질문에서도 새마을운동이 시작된 1970년대(33.8%)가 가장 많았다. 또 응답자의 거의 전부(95.8%)가 새마을운동이 '국가발전에 기여했다'라고 평가했다.

새마을운동은 현재 세계 13개국에서 전개되고 있다. 농업인구 9억 명을 가진 세계 최대 농업국인 중국에서는 새마을운동을 그대로 중국말로 옮긴 '신농촌운동'을 '제11차 경제개발 5개년계획'(2006-2010)의 일환으로 추진했다. 2005년에 중국 공산당 중앙정책연구실 간부들을 한국에 보내 새마을운동을 연구한 끝에 수립한 정책이다. 2009년 7월 미국 오바마Barack Obama 대통령은 아버지의 고향인 케냐를 방문, "빈곤에서 탈출하려면 한국의 새마을운동을 표본으로 삼아야 한다."고도 했다.

새마을운동으로 KOICA(한국국제협력단)가 미얀마 시골 마을에 후원해 준 돼지농장을 고건 전 새마을국장(후에 국무총리, 우측에서 두 번째)을 모시고 KDI(한국개발연구원) 팀이 필자(왼쪽에서 두 번째)와 함께 방문했다 (2012. 11. 13)

　새마을운동은 요즘 알려진 '한류_{韓流}'의 원조 격에 해당한다. 1972년부터 외국으로 퍼져나가 2014년 현재 119개국에서 6,115명이 새마을연수원에서 정규교육을 받았으며, 144개국의 51,157명이 새마을운동중앙회를 방문해 새마을운동을 견학하고 돌아갔다. 유엔개발계획_{UNDP}에서는 새마을운동을 농촌개발 및 빈곤퇴치 모범 사례로 평가했다. 새마을운동중앙회가 유엔 공보국_{UNDPI}의 회원으로 가입해 국제사회의 일원으로 활약하면서 그 보급에 앞장서고 있다.[7]

　'새마을운동'은 영국의 브리태니커 사전에 고유어로 실려 있다. 1996년 프랑스 대입 논술문제에 새마을운동이 출제되기도 했다. 새마을운동은 세계가 인정하는 한국의 대표적인 고유 브랜드임에 틀림없다.[7]

제4부

내무부
산림청 시대

산림녹화 전

산림녹화 후

▶ 사방공사는 자연의 힘으로는 도저히 회복되지 않는 독나지(극심한 황폐지)를
인위적으로 회복시키는 작업으로 산림녹화의 가장 핵심적인 사업이었다.

제12장

산림청 이관

: : 산림청에 대한 불만

1972년이면 박 대통령 집권 12년째가 되는 해다. 경제발전을 위해 제1차 및 2차 경제개발 5개년계획을 각각 목표연도보다 조기에 초과 달성했으며, 산림녹화를 위해서도 노력했다. 군사혁명 직후 5대 사회악으로 규정한 도벌 근절, 산림법 제정, 산림청 신설, 연료림 조성, 전 국민을 동원한 식수운동을 전개했다. 그 밖에 이태리포플러 심기 운동, 그린벨트와 국립공원 지정, 신품종 개발, 철도침목과 전신주의 시멘트 대체화 등 많은 사업을 성공시켰다.

그러나 녹화사업이란 건설사업과는 전혀 다르다. 건설사업은 3~4년이면 그 위용을 드러내는 반면, 나무는 그렇지 않다. 어린 나무가 자연재해에 노출되어 가뭄, 태풍, 혹한, 병해충 등으로 죽는 경우가 잦다. 더구나 과거 100년 이상 낙엽 채취로 양분을 착취당한 산림토양은 너무나 척박해서 식수 후 10년이 되었어도 나무가 제대로 자라지 못하고 있었다. 나무가 위용을 드러낼 만큼 자라려면 짧아도 20년, 길게 50년 이상 걸린다.

집권 12년차를 맞이하면서 박 대통령은 회의감을 느꼈던 것 같다. 아직도 여기저기 민둥산들이 흉측한 몰골을 드러내고 있었다. 설상가상으로 1972년 8월 19~20일 이틀 사이에 서울, 경기, 강원, 충북 지구에 대단히 큰비가 내렸다. 수원에는 314mm가 쏟아졌으며, 안양-시흥 지구에는 엄청난 수해가 발생했다. 사망자와 실종자만 301명이었다. 이 수해는 박 대통령의 11년 재임기간에 생긴 가장 큰 홍수피해로 기록되고 있다. 치산치수 사업에 남다른 정열을 쏟아온 박 대통령이다. 그런 박 대통령이 수해 현장을 방문하고 그 처참한 광경들을 목격했을 때 그 심정이 어떠했을까? 게다가 녹화사업이란 홍수 예방만을 위한 것은 아니다. 우리나라는 쌀농사를 위주로 하는 나라인데 쌀 1kg을 생산하기 위해서는 최소 1천 리터 이상의 물이 지속적으로 필요하고, 이렇게 막대한 양의 물의 지속적 공급은 울창한 산이 없고서는 절대 불가능하다. 당시, 식량의 자급자족을 국정의 첫째 목표로 삼고 있던 박 대통령에게 이 수해는 큰 충격을 주었을 것이다.

박 대통령은 우선 주무부서인 산림청에 상당한 불만을 가지고 있었던 모양이다. 첫째, 산림청이 발족하던 해인 1967년에 부임한 초대 김영진 청장은 1968년 산림녹화 35년 계획을 수립했다. 성장이 느린 장기수를 위주로 한 대단지 조림계획으로 대개 오지를 대상으로 하고 있었다. 당장 연료림이 절대적으로 부족하고, 토사가 흘러내리는 시급한 현실과는 좀 동떨어진 계획이었다. 둘째, 1971년, 제2대 강봉수 청장에게 경북 영일지구 사방사업에 대해 특별지시를 내린 적이 있었다. 그러나 산림청은

1972년 한 해를 연구기간으로 정하고 1973년부터 공사에 들어가려는 계획을 수립했고, 이를 알게 된 박 대통령이 재지시하는 소동이 있었다.

박 대통령의 불만은 산림청에만 국한되지는 않았던 것 같다. 그는 시스템을 재점검하기 시작했다. 1973년 1월 12일, 유신 원년을 맞아 대통령이 연두기자 회견을 했는데 그 발언 중 일부는 이랬다.

> "전 국토의 녹화를 위해서 앞으로 10개년계획을 수립해 가지고, 80년대 초에 가서는 우리나라가 완전히 푸른 강산이 되어야 하겠습니다. 그래서 아름답고 살기 좋은 그런 국토를 만들어야 하겠습니다."

발언에서 보듯, 국토녹화를 위한 10개년계획에 대해서 간단히 언급한 것은 그리 흥미로울 것이 못 될 수도 있다. 그러나 이 내용에 대해서 주무부서인 산림청과 전혀 협의가 없었다는 점이다. 기자회견 후 김연표 산림청 조림과장이 대통령 비서실에 문의하였더니, 비서실도 그 내용을 모르고 있더라는 것이다.

:: 산림청을 내무부로

산림청과 관련된 박 대통령의 불만이 이 정도로 커진 상황에서 기자회견 사흘 후인 1월 16일, 박 대통령은 제3대 산림청장에 손수익 청장을 임명했다. 산림청 발족 6년 만에 세 번째 청장이 임명되었으니, 박 대통령의 인사 스타일로 볼 때 잦은 교체에 속했다.

그 뒤로 계속해서 재미있는(?) 일이 꼬리를 물었다. 1월 22일 대통령 연두순시 중 내무부 국정보고 때였는데, 이 자리에서 박 대통령이 산림청에 대한 불만을 토로한 것이었다. 이 무슨 해괴한⑦ 일인가? 산림청이 농림부 산하기관이라는 것을 모를 리 없는 대통령이 엉뚱한 내무부에 가서 산림청에 대한 불만을 그것도 장시간에 걸쳐 털어놓다니……. 당시 내무부 관리들이 어안이 벙벙해진 것은 말할 필요조차 없다. 그러나 공무원들에게 대통령의 말씀은 지상명령이다. 그들은 열심히 적었고, 박 대통령은 진지하게 이야기를 이어나갔다.

"첫째, 산림시책도 지금까지는 고식적이며 구태의연한 방법으로 하고 있는데 근본적으로 재검토해야 할 단계에 왔다고 본다. 그동안 산림청에 배당한 예산은 적었지만 그 범위 내에서라도 이것을 효과적으로 사용하고 지도를 잘 해나갔다면 산이 더 푸르러졌고 나무도 많이 자랐을 것이다. (중략)

둘째, 금년에는 법을 만들어서라도 낙엽을 긁는 것을 엄벌해야 되겠다. 연료는 풀을 베거나 연료림을 조성하여 나뭇가지를 쳐서 쓰도록 하고 낙엽은 절대 긁어가지 못하도록 해야 하겠다. 낙엽을 빡빡 긁는 것은 나뭇가지를 치는 것보다 훨씬 나쁘다는 것이다. 낙엽이 쌓여야 습기를 보존할 수 있고, 썩어서 거름이 되며……."[40]

그 이후 며칠 간 박 대통령으로부터 어떤 지시나 조치가 없었던 것 같다. 내무부 공무원들 사이에서는 '산림청 힐난'이 하나의 해프닝으로 끝나는구나 하는 분위기가 조성되었음직하다. 아무려나, 그 사이에 다른 곳에서 다른 해프닝이 벌어지고 있었다. 이때의 일을 당시 손수익 산림청장이 상세히 증언하고 있다.[30] 이 날은 당시 손 청장이 부임한 지 한 달이 채 안 된 2월 13일이었다.

"박 대통령께서 충청북도 초도순시를 먼저 마친 후, 충남도청으로 이동 중에 산림

산 중턱에 세워진 세 글자 '내무부'가 작지만 선명하다. 내무부의 행정력을 동원한 조림사업은 농림부 산림청 시대에 비교가 안 될 만큼 강도 높게 진행되었고 결국 놀랄 만한 성공을 이끌어 냈다.

청장을 도정보고에 참석시키라는 긴급지시가 내려왔다. (헬기를 타고) 김연표 산림과장을 대동하여 회의 중간에 참석하였더니, 대통령이 '산림청장 참석했습니까?'라고 물어 확인까지 하셨다. 그러나 막상 보고회가 끝났는데도 아무런 언급이 없어 한동안 난감했다.

대통령 일행이 귀경길에 올랐고, 나도 대통령 수행원들과 함께 고속도로에 접어들어서 막 달리기 시작할 즈음이었다. 대통령 차가 고속도로에 서더니 비서가 달려와서 나를 대통령 차에 타라는 것이었다. 차 안에는 김현옥 내무부 장관이 이미 동석 중이었다. 한참 동안 대통령이 침묵을 지키다가 '업무는 좀 파악했소?' '10년 계획은 잘 만들고 있소?' 등을 물으시더니, 갑자기 '산림청이 내무부로 가면 어떻겠소?'라고 하시는 것이었다.

나는 김현옥 장관의 눈치를 살필 여유도 없어 엉겁결에 '정부의 부서 조직은 통치의 수단인데 통치권자께서 판단하실 일 아니겠습니까? 다만 산림도 1차 산업이어서 같은 1차 산업을 관장하는 농림부에 있는 것도 장점이 있겠지만, 국토녹화의 시급성과 절대성에 비추어볼 때 지방 행정력과 경찰력을 관장하는 내무부로 가는 것도 장점이 많을 것 같습니다.'고 조심스럽게 답변했다.

이때 박 대통령은 차 안에서 내게 세 가지를 지시하셨다. '내일 총리에게 얘기해서 산림청을 내무부로 옮기는 작업을 추진하시오. 김 장관이 적극 나설 테니 강도 높게 진행하세요. 김 장관과 협의하여 산림녹화를 완수하시오. 산림녹화를 조기에 완수하려면 어떻게 도와주면 되겠소?'

나는 대통령의 세 번째 질문에 대해 이렇게 답변했다. '전국 읍면에 산림계系를 만들어 최일선에 산림 전담직원을 두는 것이 좋은 방법이겠으나, 그러려면 5,000여 명의 새로운 증원이 있어야 할 것입니다. 차라리 각 도지사와 시장·군수의 측근 참모로 도道에 산림국장, 시군에 산림과장 보직을 신설해주시면 어떻겠습니까?'

결국 대통령이 이를 받아주심으로써 산림공무원들의 무더기 승진이 실현되었고, 지방장관(필자 주: 도지사)의 참모회의에 산림직 공무원이 참여할 수 있었으며, 산림직도 시장, 군수로 승진할 수 있는 계기를 만들게 되었다. 그 다음 날 총리에게 보고를 하였는데, 김종필 총리는 '그럼 그렇지. 그래서 잘하고 있는 경기지사를 산림청장으로 발령했구먼!'이라고 주석까지 달아주었다. 당시 도지사를 청장으로 보내는 것은 영전이 아니라 좌천으로 인식되고 있었던 까닭이다."[30]

이런 우여곡절 끝에 결국 2월 23일. 비상국무회의에서 정부조직법이 통과되고, 3월 3일 공포하여 산림청은 개청 이래 6년 만에 내무부로 이관하게 되었다. 1967년 박 대통령은 산림녹화를 위해 농림부의 산림국을 산림청으로 독립시켰다. 그러나 산림청을 관장하는 농림부장관의 관심과 지원이 절대적으로 필요한 상황에서 농림부장관은 당면한 식량문제를 해결하는 것이 더 시급하였으므로 산림청의 산림녹화사업에까지

치밀한 기획능력을 가진 손수익 산림청장(서울대 법대 출신)은 6년간 재임하는 동안 박 대통령의 국토녹화 의지를 완벽하게 보좌했다.

관심을 기울일 여유가 없었다. 그리고 농림부의 산지개간사업이나 초지조성사업 등은 산림녹화사업과 상충되는 경우도 종종 있었다. 산림청이 농림부 산하에서 산림녹화사업을 강력하게 수행하지 못한 이유가 여기에 있었다. 세계적으로 볼 때 대부분의 국가에서 산림청은 당연히 농림부에 소속되어 있다. 그런데 박 대통령은 왜 이런 강수強手를 둔 것일까? 이에 대해 전문가들은 대부분 같은 견해를 보인다. 김형국 교수의 해석을 들어보자.[10]

"하지만 산림청이 발족하고 5~6년이 경과해도 뚜렷한 성과가 나타나지 않자, 정부는 지방행정조직과 경찰행정조직을 활용하여 산림보호를 강화하고, 동시에 지방의 재정력을 통한 산림투자를 활성화하고자 1973년 3월에 농림부 소속의 산림청을 새마을운동과 지방행정 그리고 경찰을 장악하고 있는 내무부 소속으로 이관시켰다. 종합적인 산림보호 및 관리는 도지사·시장·군수가, 보호단속은 경찰서장이, 기술지도는 산림공무원이 맡는 삼위일체의 체계를 확립한 것이다. 이로써 산림녹화와 보호 위주의 산림정책을 강력히 추진할 수 있는 계기가 되었다."

:: 김현옥과 손수익

박 대통령의 산림녹화 의지가 얼마나 굳은 것인가 하는 점을 우리는 앞에서 여러 번 확인했다. 그러나 녹화사업이 기대에 미치지 못하자 산림청의 소속까지 바꾸어버리는 '집념'을 보였다. 박 대통령은 시스템 재정비로 돌파구를 찾았다. 그러면 박 대통령이 그토록 믿고 맡긴 손과 발, 김현옥과 손수익은 누구일까? 그들의 정체가 궁금해진다.

김현옥金玄玉 내무부 장관은 부산시장 재임시절 박 대통령에게 발탁되어 서울시장이 되었다가 그 후 내무장관이 된 인물이다. 하기 쉬운 말로는 출세가도를 달렸다고 하겠지만 실상 운보다는 그의 능력의 소산이었다. 당시 부산 시민들이 이구동성으로 "부산시 생긴 이래 가장 일을 많이 했고, 시민과 가장 가까이에서 호흡했다."고 평한 사람이 김현옥이다. 서울시장 시절에는 획기적인 도시계획을 밀어붙였는데, 과감하게 도로를 확장하고, 한강의 치수에 중점을 두어 상습 침수지구였던 여의도와 강남지역을 개발하였다. 또한 아파트 건설을 처음으로 시도하여 지금의 서울시의 틀을 짠 인물이다. 그는 그만의 독특한 리더십과 정열적 업무 추진력 그리고 탁월한 조직 장악력을 겸비한 사람이었다.[38]

김현옥 내무부 장관은 1971년 10월부터 장관직을 맡으면서 철저하게 대통령을 보좌한 것으로도 명성이 높다. 그는 대통령의 심중을 꿰뚫고 새마을사업과 산림녹화사업을 내무부의 2대 국책과제로 선정하여 한 치의 빈틈도 없이 일을 추진했다. 산림녹화에 대한 지대한 관심, 추상같은 명령과 산림청에 대한 전폭적인 지원에 관하여는 뒤에 또 기술하게 될 것이다.

손수익孫守益 제3대 산림청장은 서울대학교 법대를 졸업했으며 내무부 공무원 출신이다. 새마을운동이 태동될 때 청와대 비서실에 파견되어 정무비서관으로 근무하면서 박 대통령의 신임을 얻기 시작했다. 내무부 지방국장으로 가서는 새마을운동의 창안에 참여하였으며, 서울과 춘천 사이 경춘국도변 정비사업을 1년 작업 끝에 공원 같이 깔끔하게 마무리해 놓아서 직접 일을 지시했던 대통령으로부터 넘치는 칭찬을 들었

김현옥 내무부장관은 독특한 조직 장악능력을 발휘해 제1차 치산녹화 10개년계획을 완벽하게 착수하도록 했다. 또한 '애국가를 부르며 산으로 가자' 는 구호를 직접 만들어 나무를 심는 것이 애국하는 길임을 강조했다. (김 장관의 임업시험장 방문)

다. 이 사업은 후에 성공적 가로 정비의 시범 지역으로 지정되어 견학에 널리 활용되었다. 그 후 손수익은 경기도지사로 일했는데 이때 박 대통령이 산림청장이라는 새 임무를 부여한 것이었다. 산림청장으로 가라는 인사명령을 받았을 때 그가 얼마나 서운했는지 누구나 짐작할 수 있다. 공무원 사회에서 진급이란 최고의 가치가 아닌가? 그러나 그는 그 후 장장 6년 동안 장관에 버금가는 책임과 권한을 가지고 우리나라와 세계 산림녹화 역사를 고쳐 썼다.

손 청장의 활약상에 대하여는 앞으로 자주 다루게 되겠지만, 독자들에게 주의를 환기하고픈 점이 있다. 앞으로, 박 대통령이 왜 이 두 사람에게 산림녹화사업을 맡겼으며, 이 두 사람이 부여받은 일을 어떻게 추진했고, 어떤 결과로 나타났는지를 눈여겨보기 바란다. 그것이 보이면 박 대통령의 용인술이 보일 것이고, 안 될 일도 되게 하는 능력의 요체도 보일 것이기 때문이다.

제13장

본격적인 치산녹화사업

:: 중화학공업 육성과 치산녹화를 동시에

1973년 3월 3일, 드디어 '내무부 산림청' 시대가 개막했다. 필자는 이러한 박 대통령의 적극적 산림녹화 방식을 가리켜 앞 장에서 '강수'라고 표현했다. 그런데 이즈음 이러한 강수와는 도저히 비교할 수가 없는 초강수가 두어지고 있었다. 산림녹화 사업과 직접적으로는 관련이 없었지만, 바로 헌정 중단이다. 1972년 10월 17일 박 대통령은 국회를 해산하고 정당 활동을 중단시켰으며, 두 달 후에는 유신헌법을 공포하여 종신 대통령의 길을 열어놓은 것이다.

여기서 정치적인 얘기를 하고자 하는 것이 아니다. 산림녹화 사업에서 달라진 점을 짚어두고 싶을 따름이다. 종전에는 산림녹화에 대하여 대통령이 무엇인가를 지시할 때, 예산 당국이 문제를 제기하는 경우가 많았다. 또 관계 부처와 지방정부도 소극적으로 협조하기도 했다. 그러나 이제는 그런 '불충'이 깨끗이 사라졌다는 점이다. 서슬 퍼런 유신헌법이나 비상국무회의 때문이었을 것이다.

1973년은 우리 한반도 역사에서 대변혁이 시작된 해이다. 우리나라에서는 생소하기 그지없는 중화학공업 건설이 발파의 굉음을 울렸다는 것과 치산치수에 초점을 맞춘 본격적 녹화사업이 동시에 발진했던 까닭이다. 한 해 전에 함성소리 울리며 출범한 새마을운동이나 나라 전체를 깜짝 놀라게 했던 헌정 중단에 버금갈 만한 대변혁이었다. 국가경제 측면에서는 나라 전체를 흔들 만한 중대사가 아닐 수 없었다.

우선 중화학공업 출범에 대해 당시 일의 핵심에 서 있던 오원철吳源哲 경제 제2수석비서관의 얘기를 소개한다.[33] 그는 서울대학교 공과대학 화학공학과 출신이었다.

"1972년 5월 30일. 중앙청 홀에서 무역진흥확대회의가 끝난 다음 박 대통령은 나를 청와대로 부르시더니, '임자, 100억 달러 수출을 하자면 무슨 공업을 육성해야 하나?'라고 물으셨다. 나는 놀랐다. 불과 18개월 전에 10억 달러 수출목표를 달성했고, 금년 2월까지만 해도 1980년도 수출목표를 50억 달러로 확정 지은 바 있었기 때문이었다. 나는 평소에 복안으로 가지고 있던 내용을 처음으로 건의했다.

'각하! 중화학공업이 정답입니다. 일본은 제2차 세계대전 후 폐허가 된 경제를 재건하기 위한 첫 단계로 경공업 위주의 수출산업에 치중했습니다. 현재 우리나라의 사정과 같습니다. 그 후 1957년 20억 달러 수출을 달성하고, 즉시 중화학공업 육성을 시작하여 10년 후인 1967년에 100억 달러를 달성했습니다. 지금은 기계제품과 철강제품이 일본 수출의 주력 상품입니다.'

박 대통령은 바로 중화학기획단 설립을 내각에 지시하셨다. 72년 상반기에 박 대통령은 남북회담을 준비하면서 동시에 방위산업 건설계획, 100억 달러 수출계획,

중화학공업 건설계획을 준비했다. 그리고 이를 성공적으로 이끌기 위해 그해 10월 17일 유신 조치를 통해서 강력한 통치제제를 구축하고자 한 것으로 본다. 이를 통해 국력을 조직화하고 능률을 극대화하려고 한 듯하다."[33]

위의 세 가지 목표를 한 시스템으로 통합하여 동시에 진행할 수 있다고 오원철 박사와 박 대통령은 믿었을 것이라고 언론인 조갑제 씨는 적고 있다.[45] 이미 3년 전, 미국뿐 아니라 모든 나라가 한국 실정에 맞지 않는 사업이라고 부정적으로 보던 포항제철의 건설을 밀어붙여 제1기 설비준공식을 눈앞에 두고 있던 그들이었기에 더 확신에 차 있었을 것이다.

유신 선포 직후인 12월 28일 상공부는 수출진흥확대회의에서 100억 달러 수출계획을 보고했다. 1980년에 100억 달러를 수출한다는 계획이었다. 헌정 중단을 사이에 두고 몇 개월 사이에 수출목표가 갑절로 늘어난 것이다. 박 대통령은 "10월 유신에 대한 평가는 수출 100억 달러를 기한 내에 달성하느냐, 못하느냐에 달려 있다. 정부의 모든 정책의 초점을 100억 달러 수출목표에 맞추어 총력을 집중하라."고 다그쳤다.[45]

그 이듬해인 1973년 1월 31일, 박 대통령은 김종필 총리, 남덕우 재무장관, 최형섭 과기처장관, 국방부장관, 상공부장관 등이 배석한 자리

박 대통령은 수출목표 100억 달러 달성을 위해 1973년 중화학공업을 본격적으로 출범시켰다. 조선소 건설을 당시 모든 관계관들이 불가능하다고 반대했다. 그러나 21세기에 접어들어 우리는 당당하게 세계 제1위의 조선국으로 성장했다. (현대조선소의 초기 모습)

에서 오원철 수석비서관으로부터 4시간에 걸쳐 '방위산업 및 공업구조 개편에 관한 보고'를 받고 이를 결재했다. 한국경제의 역사를 바꾸어놓은 기념비적인 날이다. 이어서 두 달 후인 3월 25일에는 현대 울산조선소가 기공식을 가졌다. 당시 누구나 이 사업이 무모하다고 느꼈으나, 2001년 한국은 조선 수출액에서 일본을 제치고 세계 1위를 기록했으며, 10년 이상 그 기록을 유지했다.

: : 제1차 치산녹화 10개년계획(1973-1982)

1973년 중화학공업과 함께 출발한 산림녹화사업은 그 명칭이 초기에는 '국토녹화계획'이었지만, 최종적으로 '제1차 치산녹화 10개년 계획'으로 확정되었다. 명칭에 유의할 필요가 있다. 과거 10년 동안에 사용하던 산림녹화라는 말이 '치산녹화'로 바뀌어 있는 것이다. 그만큼 녹화사업의 근본이 바뀌고 있음을 뜻한다. 기본 방향은 내무부 고건高建 새마을국장(후에 국무총리)이 주관하여 세웠다. 기본계획은 다음과 같다.[47]

① 국민조림: 모든 국민이 마을과 직장, 가정과 단체, 기관과 학교를 통해서 새마을운동으로 연중 나무를 심고 가꾼다.

② 경제조림: 조림과 임업생산, 국토보전과 소득증대를 직결시키고, 산지에 새로운 국민경제권을 조성한다.

③ 속성조림: 667만ha의 임야를 조기에 완전 녹화하고, 산지에 녹색혁명을 완수한다.

세부 추진계획은 산림청이 맡아 세웠다. 절대녹화, 절대보호를 지상

김현옥 내무부 장관(중앙)의 '제1차치산녹화10개년계획' 발표 기자 회견 장면(1973. 3. 10). 산림녹화를 성공시킨 트로이카로 박정희(벽 우측), 김현옥, 손수익(우측)을 꼽을 수 있다.

목표로 했으며, 이를 달성하기 위해 시장, 군수의 책임과 권한을 강화했다. 구체적 내용은 여러 가지가 있지만 그것을 간추리면 이런 내용들이었다(치산녹화30년사, 641-716쪽).[47]

1. 향후 10년간(1973-1982) 총 903억 원의 예산을 투입하여 전국에 조림이 필요한 총 264만ha 중에서 100만ha에 21.3억 본을 조림한다. (필자 주: 남한의 총 산림면적은 당시 667만ha이었다.)

2. 기존에 42개의 권장수종을 양묘의 효율을 높이기 위해 다음과 같이 10대 조림수종으로 표준화하여 집중적으로 식재한다. 장기수(잣나무, 낙엽송, 삼나무, 편백), 속성수(이태리포플러, 은수원사시나무, 오동나무, 아까시나무, 오리나무류), 유실수(밤나무). 그 이외에 남부지역에는 따뜻한 기후 특성에 맞게 대나무를 심고, 유실수로 감나무, 대추나무, 호두나무, 은행나무, 유자를 식재한다. 속성수速成樹와 장기수長期樹의 비율을 7:3으로 한다.

3. 마을 양묘를 권장하여 협동정신을 기르고, 생산된 묘목을 전량 국가가 수매하여 인근 마을에 식재함으로써 수송비와 시간을 절약하고, 마을 소득에 기여하도록 한다.

4. 농촌 임산연료를 해결하기 위해 마을 단위로 연료림 조성을 마무리한다. 연료림을 조성하는 데 참가한 농가만이 연료를 지정된 곳에서 채취할 수 있게 한다.

5. 사방사업은 지역별 완결원칙에 따라서 계통적 사방녹화를 실시하며, 집단 및 특정 황폐지역을 우선적으로 복구한다.

6. 적지적수適地適樹를 위해 전국적으로 간이산림토양조사에 의거하여 임지의 능력에 맞게 적지에 적수를 식재한다.

7. 국민식수기간(1974년의 경우 15일, 그리고 1975년부터는 3월 21일부터 4월 20일까지 1개월)을 정하여 온 국민이 식수에 참여한다.

8. 검목檢木제도를 통해서 봄에 식수가 계획대로 수행되었는지를 여름과 가을에 2회에 걸쳐서 확인하고, 활착률을 집계하여 담당공무원의 근무성적에 반영한다.

위의 내용과 세부지침을 보면 사업목표가 뚜렷하고 내용이 매우 구체적이고 체계적임을 알 수 있다. 나무를 심고 관리하는 체제를 삼위일체 시스템으로 구축했는데, 아래 도표와 같이 식수 및 사후 관리는 지방 정부(도지사, 시장, 군수)가 맡고, 보호 단속은 경찰서, 그리고 기술지도는 산림 공무원이 맡게 했다. 예전에 식목일을 전후해서 대충 심어놓고 소홀하게 관리하던 관행을 없애고, 조림에 관한 철저한 계획, 사후관리, 지도, 감독, 확인 그리고 책임 체계를 확립했다.

이제는 녹화사업에서 전문성을 최대한 살리고 효율성을 극대화하는 작전으로 나아갔다. 한 가지 특기할 것은 산림의 절대보호를 실현하기 위하여 시장과 군수의 책임 제도를 도입한 것이다. 즉 산불이 발생하여 100ha 이상의 임야가 불에 타면 시장이나 군수를 면직하기로 했다. 강

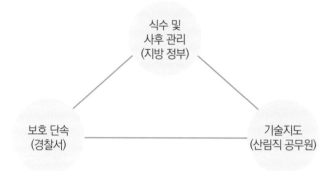

압적인 지침이었으나 그 효과는 대단했다.[27, 47]

예산배정 방법도 달랐다. 당시 박정희 정부는 '기획예산제도'를 실시하고 있었다. 이는 생산성과 효율성에 따라 예산을 배분하는 제도다. 미국 군대가 시행해오던 현대화된 개념의 예산편성 제도로 수많은 우리 군 장성과 장교(총 1만 명 이상)들이 미국에 유학할 때 배우곤 했으며, 박 대통령도 준장으로 진급한 직후 1954년 6개월간 미국에서 이 제도를 직접 익혔다.[44] 자연히 5.16 군사혁명 후부터 각 부처에 기획실을 신설하여 사업성과를 미리 따져보면서 예산을 배정하는 미국식 예산제도가 정착되어 있었다.

이러한 기획예산 개념에 따르면 산림청의 '치산녹화 10개년계획'은 경제성이 불확실하고 먼 장래를 위한 투자이기 때문에 필요한 예산을 승인받지 못했을 것이다. 그러나 산림녹화는 예산 배정에서 새마을사업 못지않게 우선적으로 다루어지게 되었다. 대통령의 특별한 의지가 담긴 사업이기에 가능했을 것이다.

드디어 '제1차 치산녹화 10개년계획'이 완성되었다. 주무장관인 김현옥 내무부장관은 3월 27일 이를 비상국무회의에 상정했다. 당시 유신체제하에서 비상국무회의란 현재의 국회와 내각 기능을 합친 국가 최고

산림청은 1975년부터 국민식수기간을 한 달(3월 21일~4월 20일)로 확대하고, 서울시 광화문 네거리에 홍보용 아치를 세웠다.

의 의결기관이었다. 김현옥 장관은 이렇게 말했다.

"내무공무원을 총동원하여 새마을사업과 함께 치산녹화를 이끌고, 경찰을 동원해서 도벌을 방지하고 산림사범을 다스려서 사업을 완수하겠습니다."

재미있는 일이 한 가지 있다. 이 '계획'이 비상국무회의를 통과한 것은 3월 27일이다. 그런데 김현옥 장관은 이에 앞서 3월 10일 기자회견 석상에서 이 계획을 발표하고, 이어서 3월 16일에 전국 도지사, 시장, 군수, 경찰서장, 산림관계관 등 수백 명을 수원시민회관에 모아놓고 '치산녹화 10개년계획'에 대한 교육을 실시한 것이다. 아마도 다가오는 식목일(4월 5일) 때문에 서두른 것이 아닌가 한다.

'첫째도 산, 둘째도 산, 첫째도 새마을, 둘째도 새마을'이라고 강조한 김 장관은 이날 이렇게 치사했다.

"치산녹화와 새마을운동은 똑같이 중요합니다. (중략) 돈이 안 드는 방법으로 가장 좋은 식수를 하고 조림을 하는 길은 곧 입산통제라는 것을 명심해야 합니다."

또 경찰서장들에게는 "산에서 도벌꾼을 잡는 일은 집안에 들어온 도둑을 잡는 일만큼 중요한 것입니다. 소홀히 할 경우 책임을 물을 것입니다."라고 했다는데, 두 시간 넘게 참석자들을 '쥐 잡듯' 했던 회의였던 것 같다고 현신규 박사가 회고하고 있다.[36]

'실천다짐 선서식'이라는 순서도 있었는데, 김 장관이 "애국가를 부르며 산으로 가자!"를 선창하면 참석자 모두가 재창했다. 건물이 떠나갈 듯했을 것이다. 이 구호는 그 후 김 장관의 별호처럼 따라다녔다고 한다. 교육이 여기에서 끝난 것이 아니었다. 각 도는 이날의 교육 내용을 도 단위로 예하 공무원을 소집하여 반복 실시하도록 했다. 김 장관이 직접 지시한 사항이라고 하니까 그의 주도면밀함이 벌써부터 엿보인다.

손수익 청장은 산림청장에 부임하자마자 '제1차 치산녹화 10개년계획'이라는 거대한 사업을 떠맡게 되었다. 그는 부임 직후 빠른 업무 파악을 통해서 이미 그 나름의 녹화전략을 세워놓고 있었다. 근 40년이 지난 지금에 와서 보아도 빼어난 전략이었으니 당시에는 얼마나 탁월한 구상이었을지 짐작할 수 있다. 손 청장의 기본 전략을 간추리면 이랬다.[47]

첫째, 나무를 국민들 마음속에 먼저 심어야 한다. 국민들 마음이 녹화되지 않으면 산도 녹화되지 않는다. 그러기 위해서는 국민들이 자발적으로 참여할 수 있는 동기를 먼저 부여해야 한다.

둘째, 새마을운동이 주창하는 근면, 자조, 협동의 개념은 산림녹화를 위해서는 보다 더 절실한 정신이다. 이 개념을 산림녹화사업에 도입하면 온 국민을 나무 심는 일에 동참시키기가 쉬울 것이다. 새마을 조직을 십분 활용해야 한다.

'국민식수'로 명칭이 바뀐 식목 행사는 어느덧 온 국민이 참여하는 개념으로 바뀌었으며, 직장 단위 조림도 활발하게 시행되었다.

셋째, 나무를 심으면 심은 만큼 그 마을에 혜택이 돌아가도록 해야 하고, 이런 방침을 사전에 충분히 알린다.

넷째, 마을 양묘를 활성화시킨다. 10년간 100만ha에 조림하기 위해서는 엄청난 물량의 묘목이 필요하게 되는데, 해결책은 '새마을양묘'뿐이다. 전국에 5,700여 개의 새마을양묘장을 만들면 묘목의 대량생산 체계가 갖추어진다. 기술이 별로 필요하지 않은 꺾꽂이 양묘(이태리포플러. 은수원사시나무)를 모두 마을 양묘로 충당한다. 정부는 토지임차료, 종자, 비료, 농약, 자재대 등 초기의 양묘 자금을 무이자 융자 방식으로 빌려준다. 생산된 묘목은 국가가 전량 수매를 보장하되 시중 가격으로 구매함으로써 노력에 대한 대가를 충분히 지불한다.

다섯째, '마을양묘경진대회'를 열어 묘목을 훌륭히 키운 마을에는 여러 가지 혜택을 주어 마을 간에 선의의 경쟁을 유도한다. 독림가를 지정하고 산주山主대회를 개최하여 산주의 조림 의욕을 높인다.

여섯째, 각 도에는 산림국을, 시·군에는 산림과를 신설하여 임업직 공무원들에게 도 다른 공무원과 똑같은 승진 기회를 보장함으로써 사기를 북돋아준다. 이는 결과적으로 헌신적 봉사의 동기가 될 것이다.

일곱째, 국민식수기간 동안에는 국민식수본부를 운영하여 전국적으로 식수행사를 지도 감독하게 한다. 식수가 일회성 행사라는 개념을 버리게 하고 능률성을 높이게 한다.

여덟째, 철저한 현장 점검과 사후 확인을 통해서 배당된 조림면적과 심긴 묘목수를 연중 확인하는 '검목'을 실시한다. 이를 마을이나 해당 공무원 근무평가의 기본 자료로 삼는다.

이해의 식목일 행사는 예년과 달랐다. '10개년 계획'이 시행되는 첫 해이기도 하거니와 산림청이 내무부로 이관된 첫 해이니 더욱 그러했을 것이다. 전국적 식목행사는 각 지역에서 질서정연하게 진행되었고,

1973년 산림청을 내무부로 옮긴 후 첫 번째 식목일에 박 대통령(중앙에 모자 벗은 이)은 경기도 남양주군에서 이날 함께한 재일본 거류민단 청소년들에게 10년 후 푸른 강산을 약속했는데 결국 이 약속을 지켰다.

대통령이 참석한 식목행사는 경기도 양주군 미금면의 경춘京春가도변에서 실시되었다. 박 대통령 외에 정부 3부 요인, 현지 주민, 산림청 관계자, 재일한국거류민단, 청년봉사단 등 2,000명이 참석한 매머드 행사였다. 이 자리에서 박 대통령은 각 부처의 관계관, 단체장에게 치산녹화에 정부 각 부처가 행정력을 총동원해서 참여할 것을 강도 높게 당부했고, 재일본 거류민단 소속 청소년 100명에게는 "여러분이 앞으로 10년 후에 고국에 오면 푸른 강산을 보게 될 것이오."라고 희망의 메시지를 전했다.[37]

이날 정부의 각 부처, 전국 시, 군, 읍면에서는 부처별로 2~5ha에 나무를 심고, 각 급 학교는 1.5ha씩, 그리고 군부대도 주변에 나무를 심었다. 이렇게 해서 1973년 봄에 심은 나무가 전국의 산림 11만ha에 걸쳐 2억9천7백만 그루다.

: : 농촌 연료 해결

치산녹화사업의 성공과 밀접한 관계를 맺고 있는 것이 농촌의 연료 문제다. 1960년대 중반까지 전국 대부분의 농촌 가정은 취사나 난방을 전적으로 숯이나 장작에 의존했다. 다른 연료가 없었으니 나무에 의존할 수밖에 없었고, 그래서 역대 정권은 만에 하나 전 국민의 연료공급이 끊어지지 않도록 그야말로 열심히 연료림을 조성했다. 연료공급이 끊긴다면 이것은 재앙이다. 그러나 이승만 정부는 능력 부족으로 인해 연료림의 수요공급을 맞추지 못했고, 그래서 산림은 더욱 황폐의 길을 걸었다.

박정희 정부는 더 열심히 연료림을 조성했다. 박 정권 7년차이면서 산림청이 발족한 1967년 한 해에만도 전국 약 36만ha의 면적에 15억 그루에 가까운 연료림 묘목을 심었다. 남한 면적이 992만ha, 그중 산림면적이 665만ha, 전국 농가의 연료를 모두 충당할 수 있는 연료림 면적이 110만ha이었다고 하니까 한 해에 얼마나 많은 연료림을 조성했는지 가늠할 수 있을 것이다. 가히 필사적이었다. 수종도 아까시나무, 오리나무류, 싸리, 리기다소나무, 등 밑동을 자르면 움이 잘 돋아 맹아력이 좋은 수종을 골라 심었다. 장기간 산을 푸르게 지키고 건축이나 가구 등의 고급 목재생산과는 거리가 먼 수종들이었지만 그래도 결사적으로 심었다.

박 대통령은 '왜 연료는 꼭 나무라야 하는가?'라는 의문을 가졌다. 그래서 1960년대 초반에 시작한 것이 석탄증산정책이다. 나무보다 진화된 연료인데다가 전 국민이 사용할 만큼 충분히 매장되어 있다는 것도 호재로 작용했을 것이다.

우리나라 연료가 장작에서 연탄(십구공탄)으로 바뀌기 시작한 것은 1960년대 후반이다. 박 대통령의 독려에 힘입어 1970년대 초에는 연간 약 1천만 톤의 연탄이 생산되고 있어서 대도시는 이미 연료체계가 거의 다

성공적으로 조성된 아까시나무 연료림에서는 3~4년 후부터 연료를 채취할 수 있었다. 오리나무, 싸리, 리기다소나무보다 아까시나무가 맹아력이 강해서 연료림으로서 가장 적합했다.

구공탄으로 교체되고 있었다. 당시 연탄 1,200만 톤이면 전국이 장작을 전혀 쓰지 않고 취사나 난방을 해결할 수 있는 양이었다. 그러나 농촌은 소득이 워낙 적어 연탄을 사서 땔 만한 경제적 여력이 없었다. 더구나 1970년대 초까지 농촌은 열악한 도로 사정 때문에 구공탄을 수송할 수가 없었다. 길이 좁아 트럭 따위를 이용할 수 없었고, 손수레를 활용하더라도 운반 도중에 구공탄이 울퉁불퉁한 길에 못 이겨 깨어지는 까닭이었다. 새마을운동이 시작되기 전이었다.

그렇기는 해도, 1973년의 연료림 조성은 한결 짐이 가벼웠다. 전국 총 586만 가구 중에서 농촌 가구는 총 320만 가구인데, 279만 가구만 임산연료를 소비한다. 가구당 연간 소비량을 4.2톤으로 잡으면 연간 총 소비량이 약 1,200만 톤이며, 이 중 680만 톤(58%) 정도는 순수한 임산연료이고 나머지는 농업부산물이나 그 밖의 연료였다. 또 순수한 임산연료 중 46%는 수종갱신을 위한 벌채, 가지치기, 솎아베기(간벌) 등으로 충당되고 있었으므로, 정부가 정작 공급해야 할 임산연료는 연간 약 370만 톤이었으며, 필요한 연료림 면적은 84만5천ha이었다. 1972년 실태조사에서 밝혀진 대로 이미 조성한 연료림 중에서 성공한 43만6천ha와 보식(補植, 추가 보완적 식재)을 요하는 20만4천ha를 감안하면 신규로 조성해야 할 면적은 20만5천ha로 계산되었다. 이러한 합리적 산출 근거에 따라 정부는 향후 5년간 20만5천ha의 연료림 조성 계획을 세웠다.[47]

한 가지 덧붙일 것이 있다. 입산통제다. 김현옥 내무장관은 3월의 비상국무회의에 10개년 계획을 상정할 때 전면적인 '입산금지'를 추진했다. 그러나 이러한 극단적 조치는 여러 가지 문제를 야기하게 된다는 일부 국무위원들의 반대에 따라 '입산통제'로 완화되었다. 예를 들면, 연료채취의 경우 7~8월 중에만 입산을 허용하여 연료를 공동으로 채취하게 한다던가, 국유림, 공유림과 법정제한림에 대해서는 전면통제를 하

아궁이개량사업은 이승만 정부부터 시도되었지만, 새마을운동으로 총 990만 개의 개량 아궁이(주물로 만들어 입구를 작게 하고 뚜껑을 붙임)를 농촌에 무상으로 공급하여 연료를 30% 정도 절약할 수 있었다.

1973년 내무부가 성안한 '제1차치산녹화10개년계획'은 초기에는 '국토녹화10개년계획'이라는 표현을 썼었다.

고, 사유림의 경우에는 산주가 희망하는 경우에 한하여 통제한다는 식이었다. 입산통제는 확실히 산림녹화의 일등공신 중 하나가 되었다. 김현옥 장관이 언급한 것처럼 그야말로 '돈 안 들고 능률적인' 녹화방법이었다. 실제로 새마을운동과 석탄 증산 등을 통하여 대체연료가 공급되었기 때문에 입산통제가 실효를 거둘 수 있었던 것이다.

1973년을 돌아볼 때 그냥 지나칠 수 없는 사건이 하나 있다.[33] 1973년 10월, 제4차 중동전쟁으로 원유 값이 4개월 사이에 네 배나 뛰어오른 것이다. 소위 제2차 오일쇼크다. 1973년 초 배럴 당 2.59달러이던 원유값이 12월에 11.65달러로 가파르게 상승함에도 불구하고, 전 세계적으로는 원유를 구하기가 어려워 또 다른 전쟁이 벌어졌다. 우리나라도 물가 파동, 생필품 파동이 일어났고, 정부는 에너지 10% 절약 운동 등 지출의 고삐를 죄면서 피해 최소화를 위한 몸부림을 쳤다. 그러나 박 대통령은 치산녹화 사업에 소요되는 예산에 대하여는 일절 제한을 가하지 않았고 계획대로 차질 없이 진행시켰다는 점이다.[37]

제14장

내무부장관과 산림청장

: : 무한한 열정의 내무부장관

"김현옥金玄玉 장관은 치산녹화 계획이 발표되자 국민식수기간 동안 매일 아침 산림청으로 출근했다. 극히 이례적인 일이었다. 아침마다 산림청에 들른 김 장관은 조림 상황 등을 직접 확인하고 격려하면서, '나는 산림장관이고, 정성모 차관이 치안장관이야.'라고[36] 농담을 하곤 했다."

이와 같은 김 장관의 극진한 관심 때문에 치산치수사업은 유신체제의 중점사업이던 새마을사업과 함께 가장 중요한 국책과제로 격상되었다. 비상국무회의와 새마을 국무회의에 산림청장이 자연스럽게 배석하게 되었고, 예산 문제 등 관계 부처와의 협조도 원활했다.

김 장관은 또 특별지시를 내려 산림청에 '경찰자동전화'를 설치해주

김현옥 내무부장관은 '애국가를 부르면서 산으로 가자'는 구호를 만들어 나무를 심는 것이 애국하는 길이라는 것을 강조하는 포스터를 만들도록 했다.

었다. 당시는 전국적으로 통신인프라가 절대적으로 부족해서 전국 일간지를 발행하는 신문사에도 시외전화회선이 서너 개 정도만 설치되고 부족한 용량은 구내전화로 해결할 때이다. 모든 정부기관도 시외전화를 걸려면 결재를 받고, 신청한 후 몇십 분씩 기다리는 상황이었다. 이런 때에 수화기를 들어 직접 다이얼을 돌리면 전국의 일선기관과 즉각 통화가 가능했으니 그 편리함과 신속함을 어찌 말로 다할 수가 있을까. 임업직 공무원들이 얼마나 신바람이 났을지 쉽게 상상이 될 것이다. (이 자동전화는 1987년 산림청이 다시 농림부로 복귀되는 순간 모두 회수되었다.)

김 장관은 또 산림청에 경찰청의 총경을 배치하여 산림사범事犯만을 전담토록 했다. 도벌꾼의 씨를 말려버리고 싶었을 것이다. 이러한 김 장관의 파격적인 배려로 산림청은 전국 내무공무원이 보기에 명실상부 권위 있는 상급기관으로 변신했다. 산림공무원의 사기를 최대한 높여 치산치수사업의 200% 달성도 가능한 토양을 만들었다고 할 수 있다. 이런 것은 대통령이 시킬 성질의 일도 아니다. 뛰어난 리더십을 가진 장수만이 할 수 있는 일인 것이다.

김 장관은 또 '절대녹화'와 '절대입산금지'의 용어를 직접 만들어주며 적재적소에 게시하도록 했다. 또, 농촌아궁이를 개량하여 연료를 적게 소비하도록 유도했으며, 심지어는 방 하나에만 불을 때고 살라고까지 했다. 김 장관은 또 '애국가를 부르며 산으로 가자'는 유명한 구호를 만들었다. 국민들에게 산사랑, 나무사랑의 마음을 심어주기 위해 고심한 것 같다. 이 구호를 처음 사용했을 때는 여기저기에서 웃음소리도 들렸다고 한다. 하지만 두어 달도 지나지 않아 관련자들 사이에서 즐겨 외치는 구호로 바뀌었다. 산사랑, 나무사랑의 마음이 그들의 마음에도 자리 잡았을 것이다.

김 장관이 생각해낸 아이디어 중에 유명한 것은 '검목檢木 제도'이다. 봄철 조림이 끝난 후 각 지자체별로 조림 물량을 보고하게 한 후, 부실 신고나 거짓 신고를 막기 위해 여러 감독 팀이 직접 현장에서 식재 현황을 점검토록 한 제도이다. 물론 검목이란 말은 국어사전에도 한자사전에도 없는 전혀 새로운 단어였다. 검목은 1차로 도지사 감독하에 도내에서 실시했는데, 한 지역 시·군에서 선발한 검목관을 다른 시·군으로 보내 교차검목交叉檢木을 실시했다. 2차 검목은 산림청에서 직접 주관했는데, 검목 요원을 각 도에서 40여 명씩 차출하여 1974년의 경우 총 380명으로 구성된 검목관을 자신의 근무지역이 아닌 다른 도道로 보내 두 번째 교차검목을 실시했다.[27]

실제로 1974년도에 전국의 2만7천여 개의 조림지에 심긴 3억1천만 본의 10%를 대상으로 하여 한 그루씩 검목을 실시하여 식재 여부와 활착 상태를 점검했는데, 활착률이 전국 평균 87%를 기록하여 평년의 82%보다 더 높았으며,[29] 1985년에는 활착률이 94%로 더 좋아졌다.[24] 지금 와서 생각하면 당시 허위보고와 정실을 배제하고 투명성을 확보한 교차검목제도는 한국 산림녹화 행정에서 가장 획기적이고 창의적인 효율적 행정(거버넌스, governance)의 대표적 사례라고 할 수 있다.[52]

김 장관은 또 능률적 산불 방지대책을 확립했다. 산림녹화 사업을 맡은 사람에게 산불처럼 허망한 것은 없다. 수천, 수만의 사람이 오랜 기

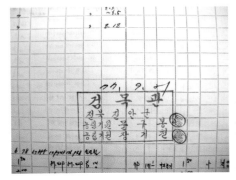

김현옥 내무부장관은 '검목(檢木)'이라는 말을 새로 만들어 봄철 식수 결과를 2회에 걸쳐 철저히 확인하도록 했다. 사진은 1977년 9월 전북 진안군의 산림공무원들이 경북 봉화군에 와서 검목한 결과이며, 이를 '교차검목'이라고 불렀다.

간에 걸쳐서 이룩한 것을 한순간에 날려버리기 때문이다. 국가적으로도 이런 손실이 없다. 자연재해라면 불가항력이라고 치부해버릴 수도 있겠지만 산불은 대부분 인재人災다. 그래서 예방하면 하는 만큼 결실이 돌아온다. 이런 이치를 모를 김 장관이 아니다. 종래에는 산불이 나더라도 아무도 책임지는 사람이 없는 풍토를 일거에 뜯어고친 것이다.

그는 우선 산불 방지를 위해서 내무부의 조직을 최대한으로 활용했다. 산불을 원천적으로 막을 수 있는 방법은 경찰조직과 각 도의 행정조직을 통해 책임제를 도입하는 것이라고 생각했다. 산불이 날 경우 소실 면적에 따라서 책임소재를 묻는 지침을 만들어놓았고, 큰 면적(100ha 이상)이 탈 경우 시장 혹은 군수에게 책임을 묻게 함으로써 전 공무원과 경찰이 동원되어 산불을 조기에 진화하게 만들었다.

김 장관은 또 송충이 방제에도 솔선수범했다. 1970년대부터 산림병해충이 극성을 부렸는데, 특히 송충이, 솔잎혹파리, 오리나무잎벌레, 흰불나방 등이 전국 각지에서 창궐했다. 가로수와 공원수는 예외 없이 흰불나방 피해로 잎에 구멍이 나고, 산은 솔잎혹파리 피해로 누렇게 변해갔다. 1973년 여름에는 김 장관이 수해지역 시찰을 위해 지방에 갔다가 수해 가옥 안에 구물구물 몰려 있는 송충이를 보게 되었다. 질겁한 그는 귀경 즉시 산림청장에게 피해실태를 정확히 파악하여 보고하고, 확실한 방제대책을 수립하도록 추상같은 명령을 내렸다. 손 청장은 이를 위해 지방교부세로 5억 원의 방제예산을 요청했는데, 기대 밖으로 전액을 지원해주더라는 것이었다.

여기서 그치지 않았다. 김 장관은 5대 산림병해충으로 솔나방, 솔잎혹파리, 흰불나방, 오리나무잎벌레, 잣나무털녹병을 지정했다. 또, 병해충별로 생활사, 방제시기, 방제방법, 방제책임자 등을 도표로 작성하여 전국 도지사, 시장, 군수, 읍면동장에게 일제히 시달하면서, 기관장은 방제요령과 책임자의 이름이 명시된 도표문을 자기 책상 가운데에 펴놓고 항상 숙독, 실천하라고까지 명시했다. 한편 산림청에게는 장관의 이러한 지시를 일선기관이 제대로 이행하는지 확인지도하라는 임무를 맡겼다.[27] 명령의 누수현상이 없도록 하는 데에도 김 장관은 도통한 사람이었다.

산림청은 이에 따라 지역별로 '산림병해충방제대회'를 개최하여 경각심을 높이는 한편, 시·도 별로 실연 순회교육을 실시했다. 방제효과를 높이고 실적에 대해 정확히 평가하는 계기도 되었다. 그 밖의 문제점이나 대책 강구방법, 방제업무 전반에 걸친 상황은 일일보고체제를 수립했다.

여기에도 역시 웃지 못 할 에피소드가 있다. 박 대통령이 지방행사에 참석하게 되면 이동 예상코스에 대해 내무부도 항상 사전 도로점검을 했다. 전주, 무주를 거쳐 진안에 이르는 길이었는데, 도로변의 절개지에 속성녹화를 위해 심어놓은 오리나무가 잎벌레의 피해로 누렇게 변해 있었다. 비단 이곳뿐만은 아니었을 것이다. 당시 사방공사용으로 도로변 절개지와 인접지역에 오리나무를 많이 심었는데, 어디에나 잎벌레의 피해가 매우 심해서 멀리서도 잘 보일 정도였다. 박 대통령이 벌레 먹은 나

새마을부녀회의 조림사례이다. 뒤에 보이는 민둥산을 푸르게 만드는 데 농민들의 많은 땀방울 없이는 불가능했다.

무를 보면 꾸중을 받을 것이 분명했지만, 그와 상관없이 김 장관 자신이 이런 광경을 용납하지 못했다. 불호령이 떨어지곤 했다.

지방공무원들이 윗분들의 이런 성향을 모를 리 없었다. 오리나무는 벌레가 아랫도리 잎사귀부터 먹어 올라온다. 대통령 이동코스로 예상되는 곳에는 이를 일시적으로라도 감추기 위하여 오리나무의 밑가지를 잘라버렸다. 마치 여성의 다리가 많이 노출된 모습이 되어 손수익 청장이 미니스커트같이 보인다고 하자, 일선 공무원들은 이를 '미니스커트 방제'라고 불렀다고 한다.[27] 고달픈 중에도 잃지 않은 유머다.

김 장관의 추상같은 명령과 확인은 부작용도 일으켰다. 철저한 입산금지 방침은 농민들의 반발을 샀다. 처벌위주로 되어 있는 입산금지 조치가 애꿎은 농민들을 범법자로 만든다는 것을 간과했던 것이다. 산나물과 합법적 연료채취의 기회까지 박탈해서는 곤란한 것이었다. 따라서 초기에는 벌칙 위주로 강력히 통제했지만, 나중에는 유연성을 부여할 수밖에 없었다. 즉, 연료공급은 시장과 군수 책임 아래 일정 구역의 산림을 융통성 있게 출입할 수 있게 했다. 또한 연료 취득을 위한 가지치기, 간벌을 허용하되 구역을 엄격하게 제한했다. 나무가 극도로 불량한 임지는 베어 수종갱신을 시도하면서 벌채목을 연료로 쓰도록 했다.

김 장관의 여러 가지 행정지시 중에서 '낙엽채취금지'는 가장 엄격하게 감독했던 항목이었다. 연료 채취 시 마른 풀과 나뭇가지는 허용되었지만, 어느 경우에도 낙엽 채취는 절대로 허용하지 않았다. 낙엽이 토양비옥도를 높이고, 토사유출을 막아줌으로써, 수해와 건조피해의 방지효과가 크다는 사실 때문이었다. 박 대통령도 같은 의견을 피력한 적이 있었다.

김현옥 장관과 필자는 개인적으로 특별한 인연을 갖고 있다. 1969년 필자는 김 장관 둘째아들의 가정교사였다. 당시 필자는 서울대학교 임학과에 재학 중이었고, 김 장관은 서울시장이었다. 김 시장은 업무를 마치고 밤늦게 귀가하여서도 가끔 필자를 자신의 서재로 불러 필자가 전공하고 있는 학문과 황폐한 산림에 대해서 큰 관심을 보이곤 했다.

그때 필자의 스승인 현신규 박사는 다음과 같이 역설했다.

"한국의 산이 황폐하여 회복되지 않는 가장 큰 이유는 산에서 낙엽을 긁어가기 때문이다. 낙엽이 썩으면 비료가 되어 토양을 비옥하게 만드는데, 낙엽을 긁어가는 행위는 마치 중병에 걸린 환자로부터 피를 뽑아가는 것과 같다. 산림녹화를 위해서는 열심히 나무를 심는 것 못지않게 낙엽 채취를 금지시키는 것도 중요하다."

필자도 김 시장에게 똑같이 여러 차례 강조했으며, 김 시장은 이 사실을 충분히 숙지하게 되었다. 훗날 필자가 미국 유학 중일 때 김 시장은 내무부장관이 되었다. 그는 '산림장관'이라는 별명을 얻을 만큼 녹화업무에 열정을 쏟았다. 특히 경찰력을 동원하여 '낙엽 채취'를 엄금했다.

이 소식을 전해들은 필자가 얼마나 가슴이 뿌듯했을지 상상이 가리라 믿는다. 인연이란 참 묘한 것이라는 생각이 든다.[37]

:: 기획의 귀재 산림청장

이번에는 손수익 청장에 관해 얘기할 차례다. 손 지사가 산림청장으로 발령받을 때의 에피소드를 직접 들어보자.[30]

> "1973년 1월 16일, 경기도지사였던 나는 산림청장의 명을 받았다. 전혀 의외였을 뿐 아니라 내심 서운함도 있었다. 일주일 전에 김현옥 내무장관을 통해 사전 통보를 받긴 하였으나 김 장관도, 주무장관인 김보현金甫炫 농림장관도 각하의 뜻이라 이유를 잘 모르겠다는 것이었다. 이날은 농림부의 연두순시 날이어서 김종필金鍾泌 총리에게 임명장을 받고 바로 대통령 연두순시에 배석해 각하를 뵈었다.
> '임자, 산림청장을 맡으라고 했더니 불평했다며?' 하셔서 '아닙니다. 열심히 하겠습니다.'고 말씀을 올렸으나 왜 내가 산림청장이어야 하는지 솔직히 납득이 되지 않았다. 와중에 대통령께서 '빠른 시일 안에 국토녹화에 대한 중장기계획을 세워 보고하라.'는 지시를 내리셨다. 대통령의 지시를 받고 헤아려보니 그해 연초에 발표한 연두기자회견에 '10년 안에 국토를 녹화하겠다.'는 대국민 약속이 있었음이 상기되었다. 내무부의 새마을 팀과 합동으로 '제1차 치산녹화 10개년계획'을 만들었다."

손 청장의 이 증언으로 미루어볼 때, 박 대통령은 '내무부 산림청장' 감으로 손수익을 일찌감치 '찜해'두었던 것 같다. 아마도 손 청장이 내무부 지방국장 시절 경춘(서울-춘천)가도변을 기대 이상으로 잘 정비한 것이

1973년 11월 농촌 연료 대책을 위한 현장 점검에서 손수익 산림청장(왼쪽)이 박정희 대통령(중앙)에게 설명하고 있다. 김현옥 내무부장관(우측)의 모습도 보인다.

직접적인 계기였는지도 모르겠다(제12장 참조). 물론 그 전에 청와대에서 근무하는 그를 눈여겨보아 두었기도 했겠지만. 그러나 아무리 능력에 따른 적재적소 배치가 중요하기로서니, 당연히 장관으로 가야 할 경기도지사를 차관급에 불과한 청장으로 발령했다는 것은 좀 심했다는 생각이다. 물론 박 대통령이 이런 전후 맥락을 몰랐을 리 없다. 무엇인가 적절한 보상책을 나름대로 구상하고 있었을 것이다.

박 대통령은 우선 산림청을 농림부에서 내무부로 이관시켰다. 농림부 산림청장 손수익을 발령한 후 한 달 만이었다. 내무부의 행정력, 경찰력, 재정력을 동원하여 강력하게 추진할 수 있는 토양을 마련해준 것이었다. 또, 손 청장의 산림행정조직 확대 건의를 100% 그대로 받아주었다. 필요한 일손을 필요한 만큼 확보해준 것은 물론이고, 그들 산림직 공무원들도 다른 공무원과 똑같이 시장도 되고 군수도 되는 길을 열어주어서 사기가 충천하게 해준 것이다. 손 청장은 일의 가닥을 이렇게 잡아나갔다. 대통령이 산림청을 농림부에서 굳이 내무부 소관으로 옮겨준 뜻을 충분히 감안한 구상이었을 것이다.

첫째, '국민식수國民植樹'라는 개념을 설정했다. 전 국민이 참여하고 성원하지 않고서는 빠른 시일 안에 푸른 국토를 만들기 어렵다는 데에서 착안한 것이었다. 이에 따라 지금까지 식목일 하루에만 행사처럼 치르던 나무심기를 지양하여 식수기간을 점차적으로 늘려 1974년에는 15일간, 그리고 1975년부터 한 달(3월 21일~4월 20일) 동안을 '국민식수' 기간으로 정했다. 또, 종래의 산속에서 심고 가꾸던 관행을 이제는 국민의 곁에서부터 심고 가꾸어 나가도록 했다. '산·산·산, 나무·나무·나무'라는 대형 현수막을 서울시 광화문 네거리에 내건 것도 온 국민에게 '국민식수'를 호소하기 위한 것이었다.

둘째, 양묘사업을 농민들의 소득증대와 연결시키기 위해서 새마을양묘를 권장했다. 새마을양묘는 농민들이 묘목을 자립, 자조, 협동의 새마을정신으로 길러내게 되고, 동시에 마을에 소득을 가져옴으로써 새마을운동을 활성화시킬 수 있었다. 즉 새마을양묘는 농민들에게 인센티브를 제공하여 새마을운동을 성공시키고, 마을기금을 마련하게 한 중요한 정책이 되었다.

셋째, 속성수대 장기수의 비율을 7:3으로 했다. 70년대 초 우리나라의 산은 아직도 쇠락하고 황폐한 땅이었다. 맨땅으로 노출된 곳이 많아

당시 대부분의 남자들이 담배를 피우던 시절이었는데, 산림청은 국민식수운동을 벌이기 위해 담뱃갑에도 홍보문구를 넣을 만큼 총력을 기울였다.

비가 조금만 와도 산이 깎이고 토사가 유출되었으며, 그나마 나무가 조금 남아 있는 곳도 무분별한 낙엽 채취로 지력이 극도로 떨어져 있었다. 따라서 당시는 ① 황폐한 곳에서도 활착이 잘 되고, ② 빨리 자라며, ③ 지력을 높이고 ④ 병충해에 강하며 ⑤ 연료공급에 알맞은 나무를 빨리, 많이 심는 것이 급선무였다.

녹화사업은 국가 백년지대계라고 한다. 국가가 우수한 임산자원을 확보하기 위해서는 경제적 가치가 큰 장기수 위주의 조림을 하는 것이 마땅하다는 뜻이다. 그러나 당장 올겨울의 땔감이 걱정되고, 다음 해 장마철의 수해에 대비해야 하는 우리 실정으로서는 장기수만 고집할 수가 없었다. 산 자체도 토심土深이 얕고 너무 척박해서 장기수가 제대로 활착하여 잘 자랄 수 있는 여건이 아니었다. 이런 국가적 요건을 충족시키기 위해 ① 생장이 빠른 은수원사시, 이태리포플러, 오동나무 등 속성수와, ② 질소비료를 합성하여 산지를 비옥하게 하며 뿌리가 잘 뻗고 맹아력이 강한 아까시나무나 오리나무류를 우선적으로 심도록 했다.

넷째, 조림 못지않게 급한 사방사업에도 역점을 두었다. 1961년 군사혁명 당시 449,483ha에 달했던 황폐지(요사방지) 면적이 그동안 꾸준히 줄어들었지만, 1973년 당시 84,220ha가 남아 있었다. 그동안 수십 차례의 사방사업이 모두 실패했던 경북 영일지구의 4,500ha에 달하는 사막과 같은 황폐한 곳을 제9장에서 언급한 것처럼 우선적으로 녹화하도록 했으며, 그 밖에 경기도 여주 및 이천 지구, 충남 예산, 전북 익산, 전남 곡성 지구 등에 대하여서는 고지탈환을 위한 전투라 생각하고 사방사업을 펼쳤다.

손 청장이 부임한지 얼마 지나지 않았을 때였다. 헬리콥터를 놓고 박대통령과 손 청장 간에 에피소드가 있었다. 손 청장에게 직접 듣는다.[30]

"산림행정의 수행에는 헬기가 필수다. 내가 산림청으로 전임되어 갔을 당시에도 벌써 헬기가 세 대나 있었고 이를 유효하게 썼다고 생각한다. 그런데 산림청에 간 지 얼마 안 되어 각하께서 '산림청장, 헬기 한 대 사줄까?' 하시는 것이었다.

'저희도 헬기를 가지고 있습니다.'라고 말씀드렸는데 그 후 얼마 있다가 다시 '헬기 한 대 사줄까?' 하시는 것이었다. 한 번 보고 들으시면 거의 완벽하게 기억하시고 내용을 확인하시는 당신께서 왜 같은 물음을 두 번이나 하실까 의아했던 나는 그때 서야 '아, 당신 대신 내가 직접 헬기로 현장을 다니며 확인을 하라는 뜻의 분부'임을 깨닫고 헬기를 감사히 받았다. 그 후 산림청장 재직 6년 동안 600시간 가까이 열심히 헬기를 타고 조국의 산야를 누비고 다녔다. 그러다 보니 일선 공무원들이 내 헬기를 각하의 헬기로 잘못 알고 허둥지둥 달려오는 등의 소동이 일어나기도 했다. 전국의 시장, 군수, 서장들에게는 별로 예쁜(?) 존재가 못 되었을 것 같다."

지금은 산림청에 50여 대의 헬기가 있어 산불 진화, 병해충 방재, 산림 감시 등에 유효적절하게 쓰이고 있다. 뿐만 아니다. 도로가 개설되어

박 대통령은 국토녹화 업무에서 헬리콥터의 중요성을 이미 간파하고 손수익 청장에게 이를 선물했다. 손 청장은 이 헬기로 대통령을 대신하여 전국 방방곡곡 양묘장과 조림지를 시찰했다.

있지 않은 높은 산까지 묘목이나 자재, 조림인력 등을 수송하는 수단으로 헬기는 필수품이 되었다. 40년 전 대통령의 한마디 "헬기 한 대 사줄까?"는 장래 치산녹화사업의 갈 길을 예고한 것 같기도 하다.

손 청장은 재직하는 동안 박 대통령으로부터 격려금을 자주, 그리고 많이 받았던 것 같다. 다시 그의 증언을 듣는다.[30]

> "대통령께서 봄, 가을에는 수시로 '조국의 산야가 해마다 푸르러지는 것을 볼 때마다……'라는 격려의 친필서한과 함께 판공비로 쓰라시며 적지 않은 돈을 주시곤 하셨다. 언젠가는 친서와 더불어 의외로 큰돈을 주셔서 '각하께서도 용처가 많으실 텐데 저도 판공비가 있습니다.'라고 사양했더니 일제시대 문경에서 교편을 잡았을 때 영림서장의 아들 담임을 맡았는데 그 서장이 가끔 약주를 사주어서 대접을 받았다는 이야기를 들려주시면서 '일선의 산림직들이 벌목업자한테 절대로 술 얻어먹지 않도록 자네가 술도 좀 사주고 격려도 해주게.'라는 말씀이 있었다. 이에 각하의 하사금이 전국의 산림직에 닿을 수 있도록 노력했으며 덕분에 소주도 많이 마신 것 같다."[30]

:: 항공사진의 공로

조림계획을 수립하는 데 있어서 가장 결정적인 자료는 항공사진이다. 물론 이·동 산림계 직원이나 군 산림과 공무원의 현지조사로 조림이 필요한 면적을 취합하기도 하지만, 항공사진을 토대로 하는 것이 가장 정확하다. 치산녹화사업의 성과를 극대화하는 일등공신이 항공사진이라는 말이 그래서 나온 것이다.

한국의 산림에 관한 항공사진 제작은 1964년 유엔특별기금UNSF 64만 달러로 마련된 'UN 한국산림조사기구'의 발족이 그 시초다.[47] 1967년 낙동강 유역을 촬영하였고, 1968~1970년 기간 중에 1차 산림조사를 완료하였다. 다행인 것은 1971~1972년 이를 기초로 삼강유역(한강, 낙동강, 금강)의 시급한 사방사업을 어느 정도 완성하였다는 점이다.

1974년 1월 손수익 산림청장은 산림청 간부들을 불러모았다. 부임 후 1년쯤 지났을 때였다. 치산녹화 10개년계획에 따른 식수를 차질 없이 진행하기 위해서는 지난 10년간 시행된 조림사업의 결과를 먼저 정확히 아는 것이 급선무라고 했다. 간부들도 공감했다. 이를 알아내기 위해서는 항공사진을 찍어 분석하는 것이 가장 능률적이라는 결론에 도달했다. 몰라서 못하는 것은 아니었다. 이제는 예산이 문제였다.

손 청장은 특별예산을 따내서라도 전국 576만ha(당시 전국의 산림면적은 664만ha)에 대한 촬영을 금년 안에 마치라는 엄명을 내렸다. 산림청 간부들은 우선 자체예산을 전용하여 재원을 마련했다. 그러나 모자랐다. 부족한 재원은 예비비로 충당해야 한다. 예산전용은 경제기획원의 결재로 해결되지만, 예비비는 대통령의 결재가 있어야 가능한 사안이다. 우여곡절 끝에 예비비 허가를 받은 것은 7월이었다. 물론 박 대통령에게도 보고가 되었을 것이다.

한국의 날씨는 항공사진 촬영에는 적합하지 않다. 구름 한 점 없는 맑은 날씨가 지속되어야 하는데, 우리나라 30년 평균 쾌청일수가 연중 31일에 불과하다. 그나마도 이 중 약 50%가 9~10월 모여 있다. 다행히 1974년에는 5, 6, 8, 9월에 맑은 날씨가 예상 외로 많았다. 이 때문에 봄에 심은 나무가 쉽게 말라 죽기는 했지만, 촬영을 계획대로 마칠 수 있었다. 이를 근거로 하여 치산녹화사업이 본 궤도에 오를 수 있었던 것은 큰 다행이었다고 한갑준韓甲俊 씨가 회고했다.[27]

제15장

육림과 자연보호

: : 육림의 날 지정과 산림 비료 개발

봄철에 나무를 심기만 하고 그대로 내버려두면 나무가 제대로 자라지 않는 경우가 많다. 가물 때 물을 주고 비료도 주며 덩굴을 제거하면 나무는 더 건강하게 자란다. 그러나 저 멀리 산속에 있는 나무를 다시 찾아가서 돌보기란 쉽지 않다. 박 대통령은 나무에 대한 남다른 사랑을 가지고 있었던 것 같다. 손수익 산림청장의 회고를 들어보자.[30)]

"왜 식목일만 있고 육림의 날은 없느냐? 가을철에 육림育林의 날과 육림기간을 따로 정해서 비료도 주고, 가지도 쳐주고, 잡목도 제거해서 봄에 심은 나무가 더 잘 자라도록 하면 어떻겠느냐?"라고 박 대통령이 제안했다. 이로서 1977년부터 육림의 날이 탄생하게 되었다. 시기는 농번기를 피해서 매년 11월 첫째 토요일을 중

제1차 치산녹화 10개년계획 기간 중 심은 나무들의 평균 활착률은 90%를 넘었다. 빈틈없이 들어찬 나무들이 시뻘 겋게 맨살을 드러내던 흙을 감싸서 푸른 카펫을 깔아 놓은 것처럼 보인다. (전북 무주의 조림 성공지)

심으로 하여 한 주간을 육림기간으로 정했다. 행사에는 박 대통령이 직접 참석하였으며, 전 공무원들이 지역별 기관별로 참여하여 육림에 힘을 쏟았다. 기관별로 봄에 조림한 장소를 다시 찾아 가서 나무가 얼마나 잘 살고 있는지 확인하고, 풀을 제거하고, 산림용 비료를 주어 생장을 북돋아준 것이다. 이로써 애림사상이 돈독해진 것은 물론 자연보호운동으로 확산되기도 했다.

손 청장은 다음과 같이 적고 있다.

"사실, 나무는 심는 것 못지않게 가꾸는 것이 더 중요하다. 예로부터 '산에 심어놓은 나무는 산주의 발자국 소리를 듣고 자란다.'라는 이야기가 전해오는 것도 이 때문일 것이다. 산림청은 치산녹화 10년 계획에 따라 100만ha 조림을 수행하는 동안 봄에 심은 나무는 가을에 조림지 중 10%를 대상으로 나무 하나 하나 매목每木 조사를 해서 그 활착률을 챙기고, 사후관리를 철저하게 하고 있었다. 그런데 박 대통령께서 이렇게 육림의 날까지 만들어주셔서 큰 격려가 되었다."[30]

박 대통령의 제안으로 만든 산림용 고형복합비료는 농사에서는 쓸모가 없도록 진흙을 섞어서 비료가 더디게 녹아 나오지만, 운반하기 쉽고 정량을 계산하기 쉽도록 고안되었다.

　박 대통령은 산림용 비료 개발도 지시할 만큼 육림에 관심이 많았고 새로운 아이디어를 만들어냈다. 그는 산에 심은 나무도 비료를 주면 더 잘 자랄 것이라고 했다. 그러나 나무에 주기 위하여 일반비료를 농촌에 보내면 필경 농사용으로 쓸 것이 걱정되니, 나무에만 쓰는 비료를 개발해보라는 지시사항을 1976년 7월 6일 비서실에 보냈다고 김정렴 비서실장이 증언하고 있다.[9] 산림용 비료는 농사용으로 효과가 없도록 천천히 녹아 나와야 하고, 산으로 가지고 가기 편리해야 한다는 기준까지 설정해주었다. 결국 '산림용 고형복합비료'가 탄생했다. 진흙을 섞어 딱딱하게 만들었는데, 1개당 15g으로 비료의 무게를 잴 필요가 없었고, 복숭아 씨앗을 닮아서 도핵형桃核型비료라고 불렀다. 산림용 비료는 정부가 전량 구매하여 마을마다 무상으로 배포했다. 비료 성분이 2년에 걸쳐서 서서히 녹아 나오기 때문에 일반 농사에는 적합하지 않았다고 김연표 씨가 기록하고 있다.[6]

　박 대통령은 참으로 특별한 사람인 것 같다. 한 번 심은 나무를 끝까지 보살피는 '의리의 사나이'인가 하면, 농민들이 죄짓지 않도록 세심한 데

까지 신경을 쓰는 '배려의 신사'이기도 하기 때문이다. 육림의 날 행사는 박 대통령이 1978년까지 2회 참석한 후, 1979년부터는 참석하지 못하게 되었다. 10.26 사건으로 서거하였기 때문이다. 그러나 육림의 날 행사는 1990년대 후반까지 지속되었다.

:: 제주도 조랑말의 활약

산림녹화 과정에서 조랑말 타고 뛴 이야기를 빼놓을 수 없다.[27] 조림지 관리를 위해서는 잦은 산림 순찰이 필수적이다. 독일 같은 나라는 아주 깊은 숲속에도 임도林道가 닦여 있어서 웬만큼 높은 산까지도 자동차가 들어간다. 그러나 우리나라는 숲으로 한 발만 들여놓기만 해도 길이라는 건 없다. 있다면 동화 같은 오솔길이다. 이 오솔길이란 모두가 산림공무원들의 운동화 발자국이 모여서 만든 것. 그것이 우리의 조림과 관리 수준이었다.

산림청은 순찰함이란 것을 요소요소에 달아 놓고 산림공무원들로 하여금 주기적으로 서명하도록 했다. 산림순찰은 자전거와 오토바이를 주로 이용했지만 산길이 없는 곳은 걸어 들어갈 수밖에 없었다. 너무 힘들어 산림공무원직을 그만둔 사람들도 있었다.

이때 산림청 김영달金泳達 씨가 말을 타고 순찰하게 해달라는 아이디어를 냈다. 독일 유학을 다녀온 그가 스페인에서 산림공무원이 말을 타고 산림 순찰을 하는 것을 보았던 것이다. 청장에게 건의하여 재가를 얻은 후 제주도 조랑말 20필을 육군기마부대에서 훈련시켜 산림청 중부영림서 춘천관리소에 배속하였다. 경주용 말처럼 크고 늠름하지는 않았지만, 산속을 다니면서 순찰 임무를 하기에는 아주 적격이었다.

1977년 임도가 없어 접근이 어려운 곳에는 조랑말을 타고 산림 순찰을 했다. 국토녹화를 향한 대단한 몸부림이었다.

　일단 이 조랑말을 타면 도벌꾼들을 쫓아가서 모조리 잡을 수 있었다. 길이 없는 산속에서 도벌꾼이 말의 걸음을 이겨낼 수가 없었기 때문이다. 게다가 주민들의 반응도 좋았고, 일간신문에도 크게 보도되어 홍보 효과도 얻었다. 그러나 시간이 지나면서 내부적으로 문제가 생겼다. 이 조랑말들이 산 달리기를 거부하는 것이었다. 제주도에 문의하니 말발굽을 제대로 깎아주지 못했고, 제대로 된 사료를 먹지 못해서 말들이 배탈이 난 것이라고 했다. 결국 조랑말 관리를 제대로 하지 못해 이 사업은 중단되고 말았다.[27]

:: 독림가 지정과 산주대회

산림녹화사업 중 별로 잘 알려지지 않은 사업이 있었다. 독림가篤林家 지정과 산주山主대회다. 산림청은 녹화사업을 정부 주도로만 하는 것보다는 민간인을 적극 참여시키는 것이 좋겠다고 판단했다. 1973년 당시 개인이 소유하고 있는 사유림私有林이 전국 산림면적의 73%를 차지하고 있었기 때문이다. 산림청은 1968년부터 '독림가육성요령'에 따라서

50ha 이상 산림을 소유하면서 산림을 경영하거나, 20ha 이상 모범적으로 조림한 우수 임업인을 독림가로 지정했다.

그 골자는 임업인이 독림가로 정부의 지정을 받으면 이들에게 자신의 산림을 융통성 있게 관리하는 재량권을 주고 나무를 쉽게 심을 수 있도록 정책자금을 지원해주겠다는 것이었다. 정책자금은 이자가 싸고 상환 기간이 길어서 눈먼 돈으로 취급받는 돈이었다. 게다가 개인 소유의 임야가 없을 경우에는 국유림을 '분수分收계약'에 따라 임차하여 소득을 국가와 개인이 나누도록 하였다. 나무를 심어서 후에 벌채할 때 판매 수입의 90%를 독림가가 갖고, 나머지 10%만을 국가에 납부하는 계약이다. 땅 주고 사업자금 주고 나중에 10%만 달라는 것이니까 거저먹고 나무만 많이 심으라는 말이나 비슷했다.

그 독림가 중에는 우리의 눈시울을 뜨겁게 하는 사람들이 있다. 독림가로 지정받기 훨씬 전부터 조림에 큰 업적을 남긴 사람들이다. 우선, 조림왕으로 칭송받는 임종국(林鐘國, 1915-1987) 씨를 소개한다.[27] 그는 40대 초반이던 1956년 어느 날 전남 장성군 덕진리의 인촌仁村 김성수金性洙 선생 소유의 산을 둘러보고 놀랐다. 당시 사방의 산이 모두 민둥산일 때 인촌 선생의 산에만 아름드리 삼나무와 편백이 쭉쭉 뻗어 있는 것을 보고, 이에 감명을 받아 조림을 시작했다. 20년 동안 569ha에 250만 본을 조림했는데, 장성군 축령산 일대에 특히 삼나무와 편백을 많이 심었다. 1968년과 1969년의 봄철 가뭄이 극심할 때에는 냇가에 우물을 파고 물을 길어 어린 나무를 살렸으며 이에 감동받은 마을사람들도 도와주었다. 2001년 산림청에서 제정한 '숲의 명예전당'에 박정희 대통령, 현신규 박사와 함께 나란히 헌정되었다. 산림청은 2002년 이 숲을 매입하여 현재는 축령산 치유의 숲으로 운영하고 있다.

제2의 독림가는 백제약품 김기운金基運 회장이다.[27] 전남 목포시에 거

독림가 임종국 씨가 조성한 전남 장성 축령산 편백나무 숲은 한국 제일의 아름다운 숲 중 하나이다. 현재는 산림청이 숲 치유 목적으로 관리하고 있다.

주하면서 강진군에 1,000ha의 면적에 조림했는데, 1968년 그가 30대 초반일 때부터다. 2008년까지 총 506만 본을 심었다. 의약품 유통업체인 백제약품과 의약품 제조업체인 초당약품에서 얻은 수익금을 강진의 '초당림'에 쏟아부어 밑 빠진 독에 물붓기란 평을 듣기도 했지만, 초지일관 꿈을 향해 줄달음질쳤다. 많을 때는 하루 600명의 인부(당시 하루 일당 15원 지급)를 동원하여 나무를 심기도 했다. 돌산에서는 돌을 캐내고 나무를 심었다. 초기에는 어린 나무들이 가뭄, 칡넝쿨, 풀 더미에 파묻혀 죽기도 했다. 후에 외국 수종 중에서 테다소나무, 편백, 백합나무를 심어 성공했다. 특히, 30여 년 전에 심은 백합나무의 생장이 우수함이 알려져 산림청에서 최근 전국에 가장 경제성이 있는 조림수종으로 권장하는 계기를 만들어주었다.

개인이 아닌 기업의 경우도 있다. SK그룹을 세계적인 기업으로 키운 최종현(崔鍾賢, 1929-1998) 회장은 장학사업을 목적으로 'SK임업'을 설립했다. 1970년대 충북 영동과 충남 천안 지역에 조림하였는데, 하루 500명을 고용할 때도 있었다. 총 4,039ha에 330만 본의 자작나무, 호두나무, 가래나무를 심었다. 국내에서 묘지(2013년 현재 국토면적의 0.28% 점유)가 산에 조성되어 산림 훼손이 큰 것을 애석하게 여기고, 1998년 작고할 때 산에 묘지를 쓰지 말고 화장하라는 유언을 남겼다. 그 이후 국내 장례문화가 바뀌어 1999년 30%이던 화장률이 10년 후 2009년에는 65%에 달했으며, 수목장樹木葬과 자연장自然葬의 계기를 마련해 주었다. 그는 2010년 4월 '숲의 명예전당'에 헌정되었다.

산주대회는 제1차 치산녹화계획을 성공적으로 이끌기 위해 1973년부터 본격화 되었다. 당시 전국에는 176만 명의 산주가 있었다. 산주란 법적으로 산의 주인이다. 그러나 당시 분위기로는 말이 산주일 뿐이지 녹화사업에는 적극 참여하지 않았다. 내 산이니 내 마음대로 연료 채취하고 내 마음대로 묏자리 쓰면 그만이라는 인식이 팽배했다. 손수익 산림청장은 산주의 애림사상과 자발적인 조림 참여 의욕을 고취하고, 산주가 지녀야 할 사명감을 다짐하며, 전 국민의 조림 참여 의식을 진작시켜야 할 필요성을 절감했다. 법학도 알고 임학도 아는 사람다운 발상이었다. 더욱이 '국민식수'를 추진하는 판국인데 산주들이 솔선수범하지 않아서는 곤란했을 것이다.

제1회 산주대회는 1973년 10월 26일 강원도 춘천을 시작으로 각 도별로 날짜를 달리해서 개최했는데, 내무부장관, 산림청장, 도지사, 시장, 군수도 참석했다. 충북대회의 경우 2천여 명의 산주가 참석할 정도로 대규모 행사였다. 1975년부터는 수종별로 '조림왕'을 선발하여 우승기와 우승컵을 주었는데, 잣나무 조림왕, 오동나무 조림왕, 전국 조림왕,

독림가 김기운(사진 속) 백제약품 회장은 백합나무를 대상으로 선구적 연구를 수행하여 산림청으로 하여금 대표적인 조림권장수종으로 지정하는 계기를 만들어주었다. (32년생, 직경 72cm, 키 27m)

시·군 조림왕을 따로 선정하여 시상하였다.[30] 이 대회는 1980년까지 계속되었는데, 도 단위 대회에 8년간 누적인원이 총 66,403명, 그리고 군 단위 대회에는 총 498,113명이 참석하여 이 대회가 얼마나 성황리에 진행되었으며, 국민들에게 애림사상을 고취했는지 알 수 있다.

:: 자연보호운동에 앞장서다

자연보호를 가장 먼저 주창한 것도 박 대통령이다. 1970년 후반 1인당 국민소득이 800달러가 넘고, 고속도로까지 개통되자 관광-휴양 붐이 일기 시작했다. 행락인파가 산과 계곡을 메우고 강산을 짓밟기 시작한 것이다. 산업발달로 인하여 대기오염과 수질오염도 뒤따랐다.

1977년 9월 5일, 박 대통령이 지방순시 중 자신이 태어난 곳을 방문

서울 북한산 국립공원 자연보호운동에 나선 박정희 대통령. 그는 자신의 행동이 갖는 상징성을 잘 알고 있는 지도자였다.

할 기회가 있었다. 경북 금오산도립공원에 이른 그는 케이블카를 타고 산 정상까지 가서 근처 폭포를 구경했다. 자신이 태어난 금오산 자락 상모동과 손수 다니던 구미보통학교가 눈에 잡히는 듯했다. 한껏 감회를 새롭게 했을 것이다. 이때 그의 눈을 찌푸리게 하는 것이 있었다. 냇가에 밥찌꺼기, 포장지, 깡통, 빈병 등이 마구 버려져 있었던 것이다. 그는 관계공무원들을 야단치는 대신, 모두 청소를 하자고 제의하여 30분 이상 쓰레기를 함께 주웠다. 박 대통령은 케이블카를 타지 않고 걸어서 내려왔다. 옛일을 생각하며 감회에 젖었던 마음이 심히 산란해졌을 것이다. 등산로를 따라 하산하면서 역시 많은 양의 쓰레기를 주웠다.

그로부터 닷새 후인 9월 10일, 박 대통령은 월례경제동향보고회 자리에서 자연보호운동을 제창했다. 그가 금오산에서 받은 충격이 어느 정도인지 짐작하게 한다. 그날 회의는 결국 국무총리를 위원장으로 하는 자연보호위원회, 민간인 21명으로 구성되는 자연보호협의회, 그리고 전국에 4만4천 개의 자연보호협회를 구성하기로 했다. 자연보호 기구를 만들기로 결의한 지 두 달쯤 지난 1977년 11월 5일은 제1회 육림의 날이었다. 정부는 이날을 기해서 자연보호 범국민궐기대회를 개최했다. 국가적 차원의 자연보호 캠페인을 전개한다는 선언이었다. 이처럼 육림과 자연보호는 이름은 달라도 그 뿌리는 같다.

박 대통령은 자연보호에 관하여 이 정도만으로는 마음이 놓이지 않았던 것 같다. 게다가 육림은 산림청이 맡아서 잘 이끌어 가겠지만, 자연보호는 그럴 주체도 막연하다. 자연보호에 관해서 박 대통령 특유의 리더십이 발휘되기 시작했다. 우선 그는 1978년 1월 18일 연두기자회견에서 자연과 숲에 대한 견해를 밝혔다. 박 대통령의 평소 생각을 엿볼 수 있는 철학적인 문구가 포함되어 있었다.(「산림」, 1978년 2월호)

"자연이라는 것은 우리의 생활환경이다. (중략) 푸른 강물과 맑은 대기의 원천인 울창한 산림이 고도산업사회와 함께 그림 같은 조화를 이루게 될 때 우리는 건강하고 격조 높은 정신문화 속에서 풍요로운 삶을 누리게 될 것이다."

박 대통령은 연설로 그치지 않았다. 토요일 오전 근무를 끝내고, 오후에 박 대통령과 청와대 직원들은 빗자루를 들고 나와 주변 도로를 청소했다. 북한산 계곡에서 쓰레기 줍기 등 자연보호운동을 하기도 했다. 박 대통령은 1978년 11월 14일 마지막 생일날을 두 딸과 함께 설악산에서 조용하게 보냈는데, 비선대를 오르면서 쓰레기를 주웠다. 대통령이 이렇게 하니 행락객들은 쓰레기 하나라도 남기고 오지 않도록 조심하게 되었고, 서울의 중고교 학생들은 한강변 둑에 나와 주변을 청소했다.

1978년 10월 5일, 자연보호운동 1주년을 맞아 정부는 자연보호헌장

청와대 앞뜰을 청소하는 등 자연보호운동에 박 대통령이 앞장섰다.

선포식을 가졌다. 특히 1978년은 제1차 치산녹화 10개년계획을 6년 만에 조기달성한 해이다. 전국의 산들이 점차 초록색 옷을 입기 시작하면서 우리 국민들에게 자연보호에 관한 자신감과 필요성이 함께 생기기 시작한 때이다. 자연보호헌장은 날로 훼손·파괴되어 가는 자연환경에 대하여 전 세계적으로 일고 있는 자연보호운동에 힘입어 제정된 것이다. 자연을 아끼고 사랑하여 소중한 자연자원을 영원히 후손들에게 물려주고자 하는 목적으로 각 개인의 성실한 실천을 강조하고 있다. 그 뒤로 자연보호는 우리의 문화가 되었다. 소득이 높아지고 생활수준이 올라가는만큼 자연보호도 그 뒤를 따르게 되었으니 다행이다. 이제 우리도 선진국이 될 수 있는 국민수준에 도달해 있는 셈이다.

제16장

가장 어려운 과제, 화전민과 병해충

: : 화전정리 5개년계획: 화전을 역사 속으로

"화전민火田民이란 산에 불을 놓아 들풀과 잡목을 태운 뒤 그곳에 농사를 짓는 사람들이다. 불에 탄 풀과 나무의 재를 비료로 이용한다. 몇 년 동안 한 곳에서 계속 농사를 지으면 지력이 다해 농작물의 수확이 감소하므로 다른 곳으로 이동해 화전을 일군다. 현재 인도, 동남아시아, 남미 등지에 약 2억 명 정도의 화전민이 살고 있는데, 열대우림 파괴의 주요 원인이 되고 있어 이에 대한 대처가 시급하다."

위키백과가 설명하는 화전민이다. 우리나라에는 지금 화전민이 없다. 간혹 한둘 있다고 하면 이는 즉시 신문이나 TV의 뉴스거리가 될 것이다. 아무튼 요즘은 대학생들도 화전민이 무엇인지 모른다. 혹 들은 적은 있을지라도 본 적이 없기 때문일 것이다.

화전은 1970년대 초반까지 법이 미치지 않는 곳에서 성행하고 있었다. 강원도의 경우 급경사지의 산림이 대규모로 훼손되어 있었다.

    화전민이 최초 발생한 시기는 삼국시대 혹은 몽골족의 침입이 잦았던 고려 말기라고 하지만, 그 숫자가 급격하게 늘어난 시기는 조선조 말기와 일제강점기로 보는 견해가 유력하다. 일제가 우리나라 임야 면적의 50%가량을 빼앗아 간 때문이다. 농토를 잃은 농민들이 연명할 수 있는 길은 일제의 손길이 뻗치지 않는 산속으로 들어가 화전을 일구는 방법이 고작이었을 것이다. 1939년 당시 전국에 57만ha의 화전이 있었는데, 34만 호(187만 명)가 화전민이어서 당시 전국 농가호수 304만 호의 11.3%에 해당했다. 해방과 6.25전쟁 이후에는 주로 강원도, 충북 동부, 경북 북부 산악지대, 즉 태백산맥을 따라서 화전민이 몰려 있었다. 전국적으로 10만 호 이상이 되었을 것으로 추정한다.

    이승만 정부는 화전을 정리하려고 시도했지만, 역부족으로 전혀 성과를 보지 못했다. 1966년 4월 정부는 최초로 '화전정리에 관한 법률'을 제정 공포하여 본격적으로 화전정리에 나섰다. 이듬해 화전 자진신고기간을 설정하였으나 실태파악이 제대로 되지 않았다. 그러나 정부는 1972년까지 33,495호의 화전민을 이주시키거나 현지에 정착시켰다.[23]

화전정리란 조림이나 사방사업과는 근본적으로 다르다. 이것은 사람과의 일이다. 화전은 집도 없고, 땅도 없고, 돈도 없는 사람들이 최후수단으로 산속으로 들어가 최소한의 생계를 유지하는 수단이다. 따라서 화전을 중단시키려면 국가가 이들에게 땅을 주거나 도시 정착과 직장을 책임져야 하며, 다시 산속으로 들어가지 못하게 지속적으로 감시해야 한다. 그래서 어려운 일이다. 산림청 박순조(朴順祚) 씨의 화전정리 경험담을 소개한다.[27]

"1967년 봄에 서울영림서 화천관리소장으로 발령받았다. 부임하자마자 국가 방침에 따라 국유림 화전금지명령을 전달했다. 6천 평의 화전을 없애고 그 면적만큼 조림하라는 것이 상부의 명령이었다. 화전민 10가구가 눈물로 항의했다. 생계는 어떻게 하라는 것이냐는 하소연에 이러지도 저러지도 못했다. 그때 행운이 찾아왔다. 동네 이장이 아랫마을 3,000평의 국유지에 무단으로 논농사를 짓고 있는 것을 알게 되었다. 이장을 어르고 달래서 마침내는 이장이 짓던 논을 200평씩 쪼개어 화전민들에게 화전 중단의 대가로 임차해주게 되었다. 화전민들에게는 꿈의 논농사였다. 평생 감자와 옥수수, 콩 따위를 주식으로 하던 그들이 쌀밥을 맛보게 된 것이었다. 물론 나도 상부의 명령대로 6천 평의 조림을 성공적으로 완수했다. 나는 운이 좋았을 뿐이다. 누가 하더라도 대안이 없으면 화전정리는 실패하게 된다."

화전민이 슬픈 역사를 간직하고 있기는 하지만 결코 방치의 대상은 아니다. 산림파괴의 주범 중 하나라는 이유도 있겠지만, 국가의 보호와 혜

화전민들은 너와지붕을 씌운 열악한 주택에서 살고 있었다. (출처: 『화전정리사』, 산림청, 1980년)

택을 받지 못하고 오지에 소외된 채 사는 국민이 존재해서는 안 되기 때문이다. 그런데 이상한 일이 있다. 박 대통령이 헌정까지 중단시키며 야심적으로 수립한 새마을운동이나 제1차 치산녹화 10개년계획 초기에는 화전민에 대한 대책이 포함되어 있지 않았다는 점이다. 산림청 쪽에서는 농림부의 식량증산정책으로 농지를 더 많이 확보하려는 정책과 상충되는 것을 우려하여 화전(불법이긴 하지만) 정리를 일부러 제외시켰다고 한다.[6] 그러나 박 대통령의 의도는 이와 달랐던 것 같다.

1973년 6월 1일, 그러니까 '제1차 치산녹화 10개년 계획'이 시행에 들어간 지 3개월쯤 지났을 때다. 박 대통령이 헬기를 타고 영동고속도로 예정지를 시찰하는 도중, 강원도 횡성과 평창 관내의 상공에서 여기저기 널려 있는 화전 현장을 보게 된 것이다. 두 눈에 불을 켜고 농어민 잘살기와 치산녹화사업을 추진하고 있는 박 대통령에게 화전이란 이런 두 가지 사업에 대하여 묵과할 수 없는 걸림돌이었을 것이다. 게다가 박 대통령은 1967년부터 시작된 화전정리사업이 어느 정도 마무리된 줄 알

경사 20도(일정선) 이상 되는 곳에는 '화전금지' 표주를 세워 아랫부분은 경작지로 인정하고 윗부분은 화전을 막았다.[1]

고 있던 터였다. 박 대통령은 귀경 후 즉시 내무부와 산림청에 지시했다.

> "화전에 대한 정리계획을 수립하여 단계적으로 정리토록 하되, 경사가 심한 곳은 우선순위를 앞당겨 하산시키도록 하고, 화전정리 방침을 중앙에서 수립하여 각 도에 시달할 것은 물론, 화전지의 정리와 화전민의 생활 안정대책에 만전을 기하라."

동시에 박 대통령은 강원도에 1억 원의 특별지원금이 교부되도록 조치했다. 이렇게 해서 탄생한 것이 '화전정리 5개년계획(1974~1978)'이다.[23]

화전민 정리는 국가 안보와 연결된 사항이다. 1968년 11월 삼척·울진 공비침투사건이 있은 직후 정부는 '취약지 대책사업'의 일환으로 산속에 홀로 사는 독가촌獨家村을 우선적으로 정리했으나 마을 근처의 화전민을 미처 정리하지 못했다. 산림청은 1973년 8월부터 화전민 실태조사를 먼저 실시했다. 전국에 134,817 가구의 화전민이 총 면적 41,132ha

화전민을 이주시킬 때는 공무원이 도시까지 동행하고, 새 거주지가 결정되면 산림공무원, 면사무소 담당관, 경찰이 각각 3년간 연 2회 새 거주지를 방문하여 다시 화전민으로 돌아가지 못하도록 철저히 감독했다. 항공사진도 동원되었다.

에서 화전을 일구며 살고 있었다. 그러나 이 숫자는 당시 누락된 것이 상당히 많았으며, 그 이후 5년간 화전민 실태조사 때마다 그 숫자가 지속적으로 늘어났다. 나중에는 30만 가구로 파악되어 1973년 초기 조사의 두 배를 넘어섰으며, 당시 농민 인구의 13%에 해당할 만큼 화전이 만연하고 있었다.[23]

대통령의 지시가 내려온 후 손수익 산림청장은 즉시 화전민 정리를 위해 주도면밀한 계획을 수립했다. '화전정리 실무지침'이 그것이다. 지침서의 화전정리 기준과 주요 내용을 훑어보자.[23]

1. 산의 경사도를 기준으로 하여 20도(일정선. —定線이라 칭함) 이상은 모두 산림으로 환원시키고, 20도 미만의 화전은 경작지로 인정한다.
2. 화전민에 대해서는 현지 정착, 이전, 이주의 세 그룹으로 구분하여 정리한다.

'현지정착現地定着'은 화전정리 후 20도 미만 완경사지에서만 농사를 지어도 생계유지가 될 만큼 경작지 확보가 되는 경우 제자리(경사도 20도 미만)에 정착을 인정한다. 인근 지역으로 '이전移轉'은 20도 이상 지역에 거주하고 있을 경우 화전정리 후 생계유지가 가능할 정도의 경작지가 확보되면, 20도 미만의 인근 부락으로 옮겨 영농을 계속하게 한다. '이주移住'는 화전정리 후 600평 미만의 경작지가 남아서 생계유지가 어려울 경우 다른 도시로 이사시키는 것으로써, 이사비용을 주고 직업을 알선한다.

3. '화전정리추진위원회'를 리동, 읍면, 시군, 도, 중앙정부(산림청 주관)에 각각 설치하여 4단계를 거쳐 투명하게, 공정하게, 객관적으로 화전민을 세 그룹으로 분류한다. 모든 심사와 정리과정을 서류로 작성하여 날인하고 근거를 남긴다.

4. 현지 측량을 통해 일정선(경사도 20도)에 해당하는 곳에 말뚝, 경계표주, 아까시나무를 줄 맞춰 심어 경계선을 표시하고, 경사도 20도 이상의 화전은 모두 산림으로 복구한다. 20도 이상에 있는 공인지(公認地. 논과 밭으로 등록되어 있는 공인된 토지)도 지목을 변경하여 모두 산림으로 복구한다.

5. 현지 정착과 이전은 경사도 20도 미만의 화전에 대해서 경작을 허용하되, 10년 연부상환으로 땅값(국유지 혹은 국가가 매입한 개인 소유 토지)을 정부에 지불하면 소유권을 인정하고 등기 이전한다.

6. 이전과 이주는 가옥을 자진 철거하고 그 자리에 큰 나무를 심으면 화전을 포기한 것으로 간주한다. 이전의 경우 20만 원을 보조하여 이웃마을에 새집을 직접 짓도록 하고, 융자금으로 한우 입식, 과수원, 초지 조성, 양묘, 양봉, 뽕밭(상전)농사를 돕는다. 인근에 탄광이 있을 경우 광부로 취직시키며, 정부가 광부정착촌을 만들고 학교를 지어 자녀들이 학교에 다닐 수 있게 한다.

7. 이주하는 화전민에게는 이사비용으로 40만 원을 지급하되, 관계 공무원을 이사 트럭에 동승케 하여 목적지까지 책임지고 안내하도록 한다. 화전민이 전입한 시·군에서는 일자리(공공근로 혹은 취로사업)를 우선적으로 알선해야 한다.

화전 경작지에서 내려와 새 거주지로 향하는 화전민. 주변의 산림이 심하게 훼손된 것을 볼 수 있다.[1]

8. 이주의 경우 허위보고할 수 없도록 산림청(영림서가 담당), 시군 담당직원(주로 면사무소 산업계), 파출소가 각각 연 2회씩 3년간 거주 여부를 확인하여 보고한다. 다른 곳으로 이사하면 기록표를 붙여 사후관리를 함으로써 다시 화전민으로 돌아가지 못하게 감시한다. 화전정리 기록을 영구히 보존하고 '화전 없는 읍면 관리지도'를 작성하여 걸어놓고 지속적으로 관리한다.

9. 산림청은 항공사진을 이용해 공중 감시체제를 가동하여 화전민에 의한 추가 화전再들耕을 방지한다.

이렇듯 화전민을 각별히 배려하고 생계수단을 마련해 주면서 철저하게 화전정리를 진행하니 결과도 당연히 완벽한 성공이었다. 첫해 1974년에는 전국에서 화전이 가장 많은 강원도만을 대상으로 시작하여 3년 만에 화전을 완전히 정돈했으며,[1] 연차적으로 충북과 경북의 화전을 정리하여 1979년까지 전국의 모든 화전을 없앴다. 결국 화전민 총 300,796호 가운데 25,857호가 연고지(주로 도시)로 이주했고, 2,349호는

광산 근처에 광부로 취직한 화전민 정착촌 풍경이
다. 당시 광부는 월급이 높아 농촌에서 가장 선호
하는 직업이었다. 황량한 곳이지만 학교부터 지어
자녀들이 교육을 받도록 했다.

가까운 부락으로 이전하였으며, 91%에 해당하는 272,590호는 살던 그
자리에(현지) 정착했다.[23]

총 30만 호의 화전민은 당시 남한 인구의 약 6%, 혹은 농민의 13%
에 달하는 엄청난 숫자에 해당하며, 당시 얼마나 많은 국민이 산속에
서 문명의 혜택을 받지 못하면서 불안하고 궁핍한 생활을 하고 있었는
지 알 수 있다. 이 사업을 위한 정부지원금(국고와 지방비)은 총 163억 원이었
다. 결국 화전은 역사 속으로 사라지고, 총 124,643ha의 화전지 중에서
86,073ha를 산림으로 복구하고, 나머지 38,570ha를 농경지로 전환하
는 개가를 올리게 되었다.[23]

이 사업은 화전민이 불법으로 개간한 국유지나 사유지를 합법적으로
소유권을 인정하는 등의 상당한 특혜를 주면서 진행했기 때문에, 객관
적으로 그리고 투명하게 사업을 수행할 필요가 있었다. 정부는 4단계의
'화전정리추진위원회'를 두어 심사과정을 감독했으며, 한 가구의 화전
민을 정리하는 과정에서 총 56종류의 행정서류를 작성하도록 했으며,
정착금을 지불하는 과정에서만 12단계의 서류 검토와 날인이 있었다.[23]

필자가 조사한 바에 의하면 국가가 직접 나서서 화전민을 대상으로 직
업훈련을 시켰다는 기록은 없다. 그러나 화전민과 같은 사회적 약자를
각별하게 배려한 흔적이 여기저기에 남아 있다. 경북 봉화군의 경우 깊

1969년 조성한 화전민 정착촌의 12평(방 2개, 2가구 연립) 문화주택이다. 2015년 현재 양철 지붕을 제외하고 문틀과 출입문 등의 원형이 그대로 남아 있어 당시 엉터리로 지은 가건물이 아니었음을 증명하고 있다. (경북 봉화군 춘양면 서벽2리)

은 산골이라서 화전민이 취직할 만한 일자리가 없어 대신 농촌지도소 직원이 직접 화전민을 방문하여 보리 재배법이나 사과나무 접목법과 같은 영농기술을 가르쳤다. 강원도 정선군의 경우 마침 군내에 대규모 제사공장과 탄광이 있었다. 당시는 제사공장의 여공과 광부의 소득이 높아서 치열한 경쟁을 거쳐 겨우 취직할 수 있었던 시대였는데(예를 들면 민영탄광에 광부로 취직하기 위해 소 한 마리를 비공식적으로 바쳤다고 함), 군郡이 직접 나서서 제사공장에는 화전민의 딸들을, 그리고 탄광에는 건강한 남자들을 우선적으로 취직시켰다. 화전민 중 광부 정착촌의 경우 광산 근처에 문화주택(12평)과 초등학교를 지어주어 정착을 도왔다.

　화전정리사업은 화전민의 생계를 해결하면서 객관적 기준에 따라서 투명하게 그리고 완벽하게 마무리함으로써 비리와 특혜가 없고 예산의 누수가 없는 효율적인 행정(거버넌스)의 모범사례였다고 할 수 있다. 산림청은 한국에서 화전민을 사라지게 한 역사적 과업을 기리기 위해 이듬해 1980년 『화전정리사』를 발간하여 자세한 내용을 기록으로 남겼다.[23] 이렇게 완벽하게 화전민을 정리한 정부와 손수익 산림청장에게 우리는 박수를 보내야 할 것이다.

:: 모기보다 작은 솔잎혹파리의 위력

치산녹화 사업의 걸림돌은 또 있다. 바로 수목 병해충이다. 그토록 푸르고 아름답던 나무들이 삽시간에 누렇게 말라죽는 광경을 가끔 볼 수 있다. 병해충은 우리의 10년 노력을 불과 몇 달 만에 물거품으로 만들어버릴 수 있을 만큼 가공할 파괴력을 가졌다.

앞 장에 기록한 것처럼, 산림에 가장 치명적 피해를 준 것이 솔나방, 솔잎혹파리, 흰불나방, 오리나무잎벌레, 잣나무털녹병이었다. 그래서 정부는 이들을 5대 산림병해충으로 지정했다. '상대를 알고 나를 알면 백전백승'이라는 손자병법은 산림병해충 방제에서도 그대로 적용된다. 병해충별로 산란, 월동, 번식, 이동 등의 생활사만 잘 파악하면 효과만점의 방제방법이나 시기를 얼마든지 찾아낼 수 있기 때문이다. 산림청은 이를 활용해 1972년부터 헬리콥터를 이용한 해충의 항공방제를 시작했다.

김현옥 내무부장관과 손수익 산림청장은 산림병해충 방제에 있어서도 최선을 다했고 최선의 결과를 얻은 것으로 판단된다. 이들은 전국 도시자, 시장, 군수, 읍면동장에게 병해충별로 생활사, 방제시기, 방제방법 등을 알기 쉽게 만들어 알려주었고, 기관장은 이에 따른 방제책임자를 지정하여 방제에 한 점 실수도 없도록 했다. 또, 이러한 지시를 일선 기관이 제대로 이행하는지 확인지도도 병행했다. 지역별 '산림병해충

솔잎혹파리(사진: 성충)는 모기보다 작지만 솔잎에 알을 낳아 혹을 만들어 큰 소나무를 죽일 만한 위력을 가지고 있다. 산림 녹화를 방해하는 걸림돌이다.

방제대회'나 시도별 순회교육, 방제 일일 보고체제 수립 등이 그 일환이었다.

5대 산림병해충 중에서 제일 악질적인 것은 솔잎혹파리다. 모기보다 더 작은 파리인데, 소나무의 어린잎에 산란하면, 부화한 유충이 잎의 기부基部에 혹을 만들어 잎을 죽게 하는 해충이다. 일제시대부터 한국에 있었는데, 1970년대에 들어서면서 전국의 소나무 숲을 위협하기 시작했다.

경주의 경우 1971년부터 토함산 일대에 창궐하기 시작했다. 경주는 천년 고도의 유적지며 박 대통령도 각별한 관심을 두는 지역이다. 산림청은 부랴부랴 항공기를 이용해 BHC 약제를 대량으로 살포했다. 소나무를 살리려는 긴박한 상황에서 있었던 일이었다. 그러나 뜻하지 않게 주변 양어장, 양봉 및 양잠 농가에 피해를 주는 부작용을 일으켰다. 지금은 환경문제 때문에 더 이상 BHC를 사용할 수 없으나, 당시에는 국내에서 허용되었다. 솔잎혹파리의 피해가 점점 더 심해지자 혹파리의 이동을 막기 위하여 방충대(혹파리의 이동을 막기 위한 폭 4km의 벨트식 벌채)를 만들었다. 경북 월성군의 경우 동서 방향 길이 40km, 폭 4km의 대규모 방충대를 만들기 위하여 약 1만2천ha의 소나무림을 벌채하기도 했다.

솔잎혹파리는 1970년대에 그 피해규모가 걷잡을 수 없는 정도로 커지는데 마땅한 구제방법이 아직 개발되기 전이었다. 청와대가 직접 나섰다. 전국의 학계와 연구소를 망라해서 효과적인 구제방법을 공개모집한 것이다. 육종학자는 불임개체를 육종하여 번식시키는 법, 원자력연구소는 방사능을 처리하여 번식을 저지하는 법 등을 제안했다. 최종적으로는 천적天敵을 이용하는 법이 채택되었다.[27] 가장 친환경적인 방법이었던 까닭이다. 임업시험장의 고제호高濟鎬 과장이 제안한 방제법으로 솔잎혹파리의 유충에 알을 산란하여 결국 죽게 하는 먹좀벌을 인공적으로 사육하여 방사하는 기법이었다. 그러나 시간을 요하는 사업이기 때문에 그 효과가 즉시 나타나지는 않았다.

충남 아산 현충사는 솔잎혹파리를 성공적으로 방제한 경우다. 이순신 장군을 모신 곳이어서 박 대통령의 발걸음도 당연히 잦았다. 그런데 여기에도 예외 없이 솔잎혹파리가 기승을 부렸다. 다행히 충남 아산군 산림과의 정진호 보호계장이 솔잎혹파리의 생활사를 정확히 파악하고 있었다. 솔잎혹파리의 유충이 가을에 솔잎에서 땅으로 떨어져 땅속에서 월동하며, 월동한 유충이 5월부터 7월 사이 땅 위로 올라와서 성충으로 부화한다는 것이었다. 혹파리의 유충이란 길이가 1~2mm 정도의 작은 구더기 모양으로 색깔은 노랗다. 정 계장은 이러한 번식과정에 착안하여 땅바닥에 비닐을 피복하는 방법을 제안하였다.[27]

즉, 가을에 땅바닥에 비닐을 깔아두면 유충이 비닐 위에 떨어지게 되는데 이때 모아서 포살하면 된다는 것과 땅속에서 월동한 후 다음 해 봄 성충으로 부화할 때 지상으로 나오지 못하게 차단하는 두 가지 효과를 볼 수 있다는 것이었다. 손 청장과 참모들은 이 제안을 받아들였다. 이 방법으로 현충사 주변에 비닐을 깔기 위하여 폭이 넓은 비닐 16톤을 남해화학에 특별 주문하였으며, 주변 7ha의 산림에 총 500만 원을 투입하여 비닐을 피복하였다. 그 후, 가을에 잡은 유충을 모아 보니 6리터에 달하였으며, 비닐을 3년간 연속적으로 깔아두면서 솔잎혹파리 방제에 큰 효과를 거두게 되었다.[27]

이 방법은 후에 충북 보은의 법주사 주변 천연 소나무림을 방제하는 데 활용되기도 했다. 경주 불국사 주변의 소나무가 혹파리 피해로 초기에 모두 벌채된 것에 비교하면, 현충사나 법주사의 소나무는 지금도 잘

솔잎혹파리 피해로 죽어가는 경기도 반월면 속달리 소나무림이다. (1981. 7. 29.)

보존되어 있다. 백전백승의 기틀을 닦은 것이다. 한국인들이 가장 좋아한다는 속리산의 정이품송正二品松도 필자를 포함한 전문가들이 1982년 바닥에 비닐을 깔고 그 이후 수년 동안 나무 전체를 방충망으로 둘러싸서 겨우 살릴 수 있었다.

솔잎혹파리가 한반도를 점령한 지 벌써 60년이 지났다. 1961년 첫 통계에서 41만ha(당시 남한 산림면적 660만ha)에서 관찰되었다. 1980년대 후반부터 설악산을 포함하여 전국이 영향권에 놓이게 되었다. 최근 들어 발생 면적이 줄고 있지만, 연간 8만ha에 발생 중이다. 북한도 예외가 아니어서 휴전선을 넘어 개성으로 올라가서 지금은 평양과 의주까지, 동해안은 금강산을 넘어 함흥까지 퍼져 있다. 즉 소나무가 분포하는 한반도 전체를 솔잎혹파리가 점령했다는 뜻이 된다.

그동안 전국의 많은 소나무 숲이 피해를 받았지만, 소나무는 아직 그런대로 생존하고 있다. 1970년대 초기에는 혹파리가 만연하면 소나무가 모두 죽을 것으로 예상했지만, 실제로 혹파리는 피해가 극심한 지역

손수익 산림청장이 송충이 구제 범국민운동 시범대회를 직접 지휘하고 있다. (1975. 5. 6.)

에서도 30~50% 정도의 소나무만을 죽였을 뿐, 나머지는 다시 회생하고 있어 다행이다. 한 번 솔잎혹파리가 휩쓸고 지나간 숲은 저항력이 생긴다. 혹파리는 15~20년 정도의 주기로 다시 침입하기는 하지만 처음에 비하면 피해가 현저히 적어지고 있어 다행이다. 숲의 자생력과 자연의 섭리는 인간의 짧은 지식으로 설명할 수 없을 만큼 오묘하다는 것을 새삼 느끼게 한다.

산림녹화의 두 가지 걸림돌이었던 화전민과 병해충을 총력전을 벌여 해결하면서 계속해서 열심히 나무를 심으니 1970년대 후반부터 전국의 산은 조금씩 푸른 옷을 입기 시작했다. 산이 서서히 예전 자연의 모습으로 되돌아가면서 산속의 동물들도 조금씩 모습을 드러내기 시작했다. 요즘 산에 가면 갖가지 아름다운 새들이 지저귀고, 귀여운 토끼와 고라니도 볼 수 있다. 고라니와 멧돼지는 그 숫자가 너무 많아져 농작물을 해치고 도시 한복판에 출현하기도 한다. 그만큼 산이 우거졌다는 증거다.

밀렵꾼들의 극성에도 불구하고 언제부터 이렇게 산속에 야생동물이

잣나무털녹병은 1970년대 강원도 평창군, 경기도 광릉, 전북 무주와 진안의 잣나무 조림지에서 크게 퍼졌으나 중간기주인 송이풀을 주민을 동원해 대거 제거하여 박멸할 수 있었다(사진: 서울대 나용준교수)

많아진 것일까? 필자도 문득 놀라곤 한다. 아마도 시대에 앞선 박 대통령의 수렵에 관한 관심 때문이었을 것이다. 1960년대 산야가 헐벗고 야생동물이 자취를 감추었던 시절 박 대통령은 야생동물 보호의 필요성을 일지감치 터득하고 있었다. 특히 박새 같은 산새는 산림해충을 잡아먹어 산림녹화에 간접적으로 기여한다. 그는 산림청이 신설되던 1967년 '조수보호 및 수렵에 관한 법률'을 제정하여 야생 조수의 남획을 규제했다. 1972년 8월부터 3년간 전국적으로 금렵 조치를 단행했으며, 수렵인의 반대가 있었지만 이 조치를 1975년과 1979년 두 번에 걸쳐 연장시켰다. 박 대통령은 시대에 앞선 조치로 야생동물을 보호한 셈이다.

▶ 삼나무는 곧게 자라 미림을 만든다. (제주도 서귀포시 남원읍 한남시험림)

제17장

치산치수 완성과 쌀의 자급자족

:: 제2차 치산녹화 10개년계획(1979-1988)과 추가계획

이제 전투처럼 치른 제1차 치산녹화 10개년계획이 1978년 가을 대단
원의 막을 내렸다. 박 대통령은 생전에 입버릇처럼 얘기했다. 치산녹화
사업이라는 것이 당장 어떤 이익이 발생하지 않는 사업 같지만, 치산녹
화야말로 살기 좋은 나라를 만드는 지름길이라고…. 그래서 치산녹화
를 국책사업으로 삼았고, 성공했다. 손수익 산림청장을 자신의 손과 발
이 되도록 6년간 연임시키면서 이 과업을 6년 만에 완성할 수 있었다.

　1979년 봄 식목일을 맞이하여 산림청은 산림녹화 성과를 홍보하기
위해 덕수궁에 '국민식수전시관'도 개관했다. 산림의 역사, 산림과 인간
과의 관계를 아름다운 상생의 관계로 묘사하고, 산림이 인간생활에 미
치는 영향과 효능, 나무의 종류, 나무 제품, 임업 기계 등을 전시했다. 여

기에 전시된 대표적인 표어들은 다음과 같다.[27]

심은 나무 강국 되고 베인 나무 망국된다.
푸른 강산 푸른 강토 나무 가꿔 꽃피우자.
국민 모두 나무 심어 푸른 동산 이룩하자.
일인일수 삼천만수 산림녹화 경제부흥.

1979년에는 '제2차 치산녹화 10개년계획(1979~1988)'이 시작되었다. 2차 계획은 나무가 없는 미입목지 조림, 불량임지의 수종 갱신, 사방대상지 일소, 대단지 경제림 조성, 향토수종 개발, 산지 이용 장기계획 수립, 해외산림자원개발 확대, 산림관계법 정비 등이 포함되어 있었다. 특히 산지이용구분조사가 실시되었는데, 산림의 과다한 개발과 훼손을 방지하기 위해 전국의 산지를 보전임지와 준보전임지로 구분하여 용도별로 관리할 수 있게 했다. 대단지 경제림 조성은 40만ha로 계획했으며, 조

제1차 치산녹화 10개년계획을 6년 만에 조기 완성하고, 이를 기념하기 위해 국민식수 전시관을 열었다. (1979. 3. 31. 서울 덕수궁)

림수종을 다양화하기 위해 제1차 계획의 10대 조림수종을 21개 수종으로 확대했다. 2차 계획의 초기(1979년 2월 15일 발표)에는 구자춘 내무부장관에 의해 1조 4천8백억 원의 예산으로 150만ha에 총 30억 그루의 나무를 심는 야심찬 목표로 출발했다. 그러나 후에 조림지 부족으로 사업목표를 1981년과 1983년에 두 번 수정하여 사업목표를 상당히 축소했다.

1979년 박 대통령은 '제2차 치산녹화 10개년계획'을 출발시키고, 같은 해 10월 26일 서거했다. 박 대통령은 서거 당일 기념식수를 했는데 그것이 마지막 식수였다. 충남 삽교천 방조제 준공식 후, 당진의 KBS 중계탑 준공식에 참석하여 기념식수를 한 것이다. 하늘의 뜻은 박 대통령이 서거하는 날에도 나무를 심어 그의 나무 사랑을 국민들이 기억할 수 있게 했다. 농민에 대한 그의 마지막 선물은 추곡수매가를 각료들이 제안한 것보다 더 높게 대폭적으로 22% 인상해준 것이다.

박 대통령은 62세의 나이로 서거했으나, 제2차 치산녹화 10개년계획은 다음 전두환全斗煥 정부로 그대로 이어져 96만6천ha에 총 19억 2천만

당시 쌀은 볏짚으로 만든 가마니에 넣어 보관했다. 1979년 10월 26일, 박 대통령은 서거 당일 농민에게 마지막 선물로 추곡수매가를 내각이 건의한 것보다 더 높게 22% 올려주었다.

본의 나무를 심으면서 예정보다 1년 앞당겨 1987년에 완성되었다. 제1차 계획(1973-1978)과 2차 계획(1979-1987)을 수행한 15년 동안 총 205만ha(남한 산림면적의 31%)에 총 48억8천만 본의 나무를 심었으며, 황폐지(요사방지)를 완전히 없앴다. 결국 전국의 산이 푸른 옷으로 갈아입었으며, 그 이듬해에는 올림픽을 유치하여 성공리에 끝낼 수 있었다.[24]

산림녹화사업은 그 이후에도 지속되었으나 그 내용이 좀 달라졌다. 민둥산을 없애는 시급한 치산녹화가 끝나면서 1988년 산림청은 본래 소속이었던 농림부로 되돌아갔으며, 조림사업의 명칭을 산림기본계획으로 바꾸었다. 제3차 산림기본계획(1988-1997)을 세워 산림의 자원화와 환경 조림을 중점적으로 수행했다. 제4차 산림기본계획(1998-2007)은 전년도에 돌발한 IMF 금융위기를 맞아 실업자 구제 차원에서 숲가꾸기사업을 대규모로 수행하면서 조림보다는 육림에 힘썼다. 제5차 산림기본계획(2008-2017)은 지속가능한 산림경영의 기반을 구축하고 국민복지에 기여하는 건강한 국토환경 조성을 강조하고 있다. 이로써 반세기에 걸친 산림녹화사업은 전국의 민둥산을 푸른 숲으로 바꾸어놓았다.

김연표金演表 전 산림청 차장은 박정희 대통령 기념사업회 증언(녹취록)에서 "제2차 세계대전이 끝난 이후 이 지구상에서 전국의 황폐한 국토를 사람의 힘으로 완전히 녹화시킨 나라는 한국이 유일하다."고 감격했다. 그러나 우리는 이 감격을 잊고 사는 것은 아닌지 되돌아보게 된다.

:: 18년 동안 참석한 권농일 행사

집권자의 행동은 그 하나하나가 모두 통치행위다. 20여 년 전 일본은 무역 상대국들이 일본의 수출 초과 현상에 대해 보복조치를 예고하자 일본

수상이 몸소 수입품 전문백화점에 가서 쇼핑을 하는 촌극을 벌이기도 했다. 집권자 행동의 파급효과를 알고 이를 활용한 사례다.

　우리나라에는 권농일이라는 것이 있었다. 해방 이후 1960년까지는 6월 15일, 군사혁명이 일어났던 1961년부터는 6월 10일, 이후 모내기가 점점 앞당겨짐에 따라 1973년부터는 6월 1일, 1985년부터는 5월 넷째 화요일을 권농일로 삼았다. 그러나 1996년부터는 권농일이 폐지되고 대신 11월 11일을 농업인의 날로 정하여 오늘에 이르고 있다. 신라시대 이래의 거국적인 행사가 이제는 농업인들만의 행사로 축소되어 운영되고 있는 것이다.

　우리나라 역대 대통령들은 권농일에 대해서는 꽤 무심했던 것 같다. 기록을 보면 기껏 담화문을 내는 것이 고작이었고, 가끔 양복 입고 구두 신고 논두렁에 서서 농민들을 격려⑦하는 사진이 보일 정도다. 이런 사진을 찍은 집권자는 그나마 식량에 대해 어떤 형태로든 걱정을 했던 집권

박 대통령(좌측 두번 째)은 1961년 집권 초기부터 권농일 모내기 행사에 한 번도 빠진 적이 없었다(1978. 6. 13. 경기도 시흥군 과천면 갈현1리에서 100여 명의 청와대 직원들과 함께)

박 대통령은 권농일 행사가 끝나면 촌로들과 함께 막걸리를 마셨다. 그의 소탈한 일면을 볼 수 있는 장면이다.

자다. 하지만 박 대통령은 예외다. 그는 군사혁명에 성공한 지 꼭 25일 후인 그해의 권농일 행사에 모습을 나타냈다. 김포의 어느 모심기 하는 논이었는데, 군복 바지를 걷어 올리고 밀짚모자까지 눌러쓴 그는 농민들과 어울려 익숙한 솜씨로 모를 심었다. 뿐만 아니었다. 모심기를 마친 후에는 함께 일했던 농민들과 논두렁에서 막걸리를 나누어 마셨다.

어떤 이는 이러한 '퍼포먼스'가 혁명을 잘했다는 점수를 따기 위한 촌극이라고도 한다. 그러나 박 대통령은 그 후 재임기간 18년 동안 권농일에 모심고 논두렁에서 농민들과 어울려 막걸리 마시는 일을 한 해도 거른 일이 없다. 결코 촌극이 아니었다. 비서관들의 표현에 의하면 "모든 국정 현안을 제쳐놓고 참석하셨다."고 하니까 그 열의가 짐작된다. 권농일의 모내기뿐이 아니었다. 가을의 벼 베기 행사에도 참석을 거른 적이 없었다.

그러면 박 대통령은 왜 이토록 '권농'에 적잖은 시간을 할애한 것일까? 혹자는 그의 어린 시절 배고팠던 아픔 때문이라고 풀이한다. 필자는 그 대답을 박 대통령의 그 후 행동에서 찾는다. 그는 1974년 정초에 '주곡의 자급달성'이라는 휘호를 써서 관련 부서에 보내 쌀의 자급자족을 다시 독려했다.

:: 벼 생산성 세계 1위

쌀의 자급자족이라니? 쌀을 너무 많이 생산하는 반면 소비가 잘 되지 않아 남는 쌀을 보관할 장소가 없어 걱정거리가 되고 있는 요즘에 들으면 마치 아프리카 어느 나라 얘기처럼 들린다. 그러나 1970년대 초만 하더라도 우리나라는 식량이 부족해서 애를 먹었다. 우선 주곡主穀인 쌀이 부족했다. 1970년 기준 우리나라의 쌀 생산량은 약 390만 톤(2,700만 섬)이었는데, 당시 인구가 3천140만 명이었으므로 연간 약 430만 톤의 쌀이 필요했다. 약 40만 톤, 즉 9.3%가 부족했다는 말이다. 대용식에 밀가루가 있다. 그러나 밀은 우리나라에서 기후가 잘 맞지 않아 대규모 재배가 어렵다. 외국에서 사오면 되지 않느냐고 하지만, 돈이 없었다. 달러가 부족했던 것이다. 국가는 이에 어떻게 대처했을까?

박 대통령의 셈법은 두 가지-아주 간단하고도 근본적인 것이었다. 첫째, 생산을 늘리는 것이 최선책이다. 그런데 농토를 갑자기 늘릴 수는 없는 노릇이니 기존의 땅에서 단위면적당 수확량을 최대한 늘려보자. 둘째, 자급이 이루어질 때까지 최대한 아껴 먹고, 입맛에 안 맞는 것도 가급적 섞어 먹자는 절미節米운동이다.

실상 박 대통령은 1960년대 중반부터 농촌진흥청과 서울대학교 농과대학 등 관계 연구소에 다수확 품종의 쌀 육종을 독려했다. 그 결실이 '통일벼'(IR667)이다. 서울대 허문회許文會 교수가 필리핀에 있는 국제미작米作연구소IRRI를 오가며 육종해낸 것이다. 6~7년 만에 이처럼 원하는 대로의 신품종 쌀을 육종해낸다는 것은 정말 기적이다. 국운이 틔어 있었다는 생각을 지우기 어렵다.

통일벼는 1971년부터 보급되기 시작했다. 보통 벼에는 낟알이 80~90개 정도 달리는데, 통일벼는 120~130개가 보통이며, 200개까지

박 대통령은 다수확 신품종인 '통일벼'의 낱알을 직접 세어보며 만족감을 표시했다. 통일벼는 우리 민족 5천 년 역사상 처음으로 쌀을 자급자족하게 만든 신품종이다. 서울대학교 허문회 교수의 업적이다.

달리는 경우도 있었다. '주곡의 자급 달성'이라는 휘호를 써 내려보낸 1974년에 쌀 생산량이 422만 톤에 이르고, 1976년에는 519만 톤을 수확하여 쌀을 더 이상 수입하지 않고 쌀의 자급자족을 달성했다. 단군 이래 처음 있는 경사였다. 이어서 통일벼를 전국 재배면적의 55%까지 확대한 1977년에는 601만 톤을 수확했다. 통일벼는 단위 면적당 생산성이 1,000m²(10a)당 평균 437kg이었는데, 일반 벼(329kg)에 비해 평균 33%(서울대 고희종 교수의 견해)의 증수를 가져옴으로써 세계 기록을 갱신한 역사적 사건이었다.

주곡의 자급과정이 순탄한 것은 절대 아니었다. 1975년까지는 계속 쌀이 모자라 수입에 의존했다. 1970년 당시 곡물의 국제가격을 보면 쌀이 밀이나 보리보다 2배 이상 비쌌다. 쌀 대신 보리를 수입하면 2배 이상의 수량이 되고, 외화를 절약하기 위해 보리 혼식을 장려해야 했다. 박 대통령은 국민의 비난을 받으면서도 절미운동을 강력하게 추진했다. 보리밥 혼식과 매주 2회 분식을 실시했고, 1972년부터는 주 5회로 늘렸다. 더불어 대대적 단속을 실시했다. 지시 5%, 확인 95%! 확인행정은 박 대통령이 군에서 갈고 닦은 기술이다. 암행단속반이 식당에 들이닥쳐 솥뚜껑을 열어보았고, 학교에서는 선생이 점심시간마다 보리쌀이 지시한 비율만큼 섞였는지 도시락 검사를 했다. 이를 감독한 박 대통령이 청와대에서 보리 혼식에 지속적으로 앞장섰음은 말할 필요도 없다. 처절한 몸부림이었다. 국민들의 주식인 쌀만큼은 수입에 의존하지 않아야 한다는 신념이 어렵게도 결실을 본 것이다.

절미운동(節米運動)은 그 역사가 길다. 조선시대 흉년이 들면 임금이 반찬 수를 줄이고 절미를 몸소 실천했다. 일제강점기에는 1937년 중일전쟁을 위한 곡물을 징발하기 위해 실시했다. 1950년 1월 서울시장이 절미 특별담화문을 발표했으며, 1951년 국무회의는 음식점에서 3할 이상 잡곡 혼합을 의무화하고, 쌀을 원료로 하는 제과, 떡, 엿 제조 금지를 결의했으며, 1956년 정부가 쌀 50만 석 절미운동을 펼쳤다. 1961년 재건국민운동 본부가 하루에 적어도 한 숟가락의 쌀을 아끼자는 취지에서 절미통을 제작하여 배포하기도 했다. 1963년 미곡상은 쌀 8할에 잡곡 2할을 섞어서 판매해야만 했다.

요즘 한국에서 쌀의 소비가 줄어 쌀이 과잉 생산된다고 하지만, 식량자급률을 생각해보아야 한다. 쌀은 물론 그 밖의 곡물, 채소, 그리고 가축들의 사료까지 모두 합쳐서 자급비율이 얼마나 되는가 하는 것이다. 쌀 증산운동 덕분에 우리나라 식량자급률은 1970년대에 80% 선을 넘나들었지만, 80년대에는 31%, 90년대에는 28%, 2021년에 23% 선까지 곤두박질친 상태다. OECD 국가 중 바닥에서 세 번째다.

이런 얘기를 꺼내면, 자동차나 반도체를 판매한 돈으로 사다 먹으면 된다는 사람들이 있다. 게다가 우리가 직접 농사를 지어서 자급하는 것보다 훨씬 싸게 먹힌다는 주장이다. 그러나 지금 지구는 온난화현상의 포로가 되어 있다. 평균온도는 해마다 오르고 지구촌 곳곳에서 사막화가 진행되고 있다. 가뭄과 홍수 등의 기상이변도 잇따른다. 세계적으로

1961년 재건국민운동 본부가 절미운동으로 제작하여 배포한 절미통(사진출처: 국립민속박물관)

곡식 생산에 흉년이 언제 올지 아무도 예측할 수 없다. 게다가 더 무서운 것은, 이러한 악조건을 틈타 식량을 무기화하려는 장사꾼과 정치가들이 숨죽이며 때를 엿보고 있다는 사실이다. 식량대책이 경제논리가 아니라 안보논리로 수립되어야 한다는 이유가 여기에 있다.

쌀농사는 치산치수나 산림녹화와 밀접하게 연관되어 있다. 벼는 최소 5개월간 물을 쉬지 않고 공급받아야 자란다. 이런 물의 지속적인 공급은 한국처럼 산악국가의 경우 산에 나무가 우거져야 가능하다. 우거진 숲에서는 연중 맑은 물이 조금씩 흘러나온다. 봄과 가을의 갈수기에 산에서 내려오는 물로 논농사를 짓기 때문이다. 또한 쌀농사는 단순한 먹을거리 생산에 그치는 것이 아니다. 생태계 보존, 홍수 조절, 온도 및 습도 조절, 대기 정화, 전통문화 계승 등의 기능뿐 아니라 요즘 세계적 관심사인 이산화탄소 감축에도 큰 몫을 하고 있는 것이다. 쌀농사는 숲의 기능과 많은 부문에서 공통점을 갖고 있기에 여기에서 잠깐 다루었다.

제18장

국토 조경 사업

: : 대통령의 안목

"언젠가 월요일 아침인데 대통령께서 산림청장을 급히 찾으신다는 연락이 있었다. 무슨 꾸지람을 내리시는 건 아닐까 잔뜩 긴장하며 집무실로 들어갔더니 괘지한 장을 회의탁자에 놓으셨다. 들여다보니 지시사항과 더불어 색연필로 구체적인 그림까지 그려놓으신 게 아닌가? '경부고속도로변의 절개지에 개나리를 심고 조경석을 설정하고, 사이사이에 진달래와 철쭉을 심고, 그 위에 눈향나무나 회양목 같은 상록수를 심어 조경을 하라.'는 내용을 소상하게 적어놓으시고 개나리는 노랑색, 진달래와 철쭉은 분홍색, 상록수는 녹색으로 그림을 그려놓으신 것이었다."

손수익 전 산림청장의 회고다.[30]
수요가 있는 곳에 산업이 생겨난다. 1970년대 후반, '포니pony'라는 자

박 대통령은 나무를 식재하는 고속도로 조경계획안을 친필로 만들 정도로 조경에 깊은 관심과 전문가적 식견을 가지고 있었다.

동차가 한국에서 생산되기 전까지 국내에는 자동차 관련 산업이라는 것이 거의 없었다. 그러나 '(주)현대자동차'가 포니를 생산하기 시작한 이후 자동차가 집집마다 보급되면서 오늘날에 이르기까지 여러 가지 자동차 관련 신종 산업이 크게 번성하고 있다.

훌륭한 사업가란 국민소득 수준에 맞는 사업을 벌이는 사람이다. 1970년대 중반 미국의 클락 해치Clark Hatch라는 헬스센터가 서울 어느 호텔에 문을 열었다. 그러나 세계적 체인망을 가진 그 헬스센터는 4년 후에 철수하고 말았다. 당시 1인당 국민소득이 천 달러 수준이던 우리나라는 영양부족인 사람은 많았을지언정 다이어트를 하거나 몸만들기의 필요성을 느끼는 사람은 별로 없었던 까닭이었다. 호텔에 투숙한 몇몇 외국인 손님들을 상대로 한 영업은 한계가 있었다. 또 다른 이야기도 있다. 국내에서 삼성전자가 개발한 김치냉장고도 1984년 처음 출시되었을 때에는 인기를 끌지 못했다. 값이 너무 비싸고 필요성을 느끼지 못했기 때문이다. 1994년 만도기계가 '딤채'라는 이름으로 재출시하였을 때 국민소득이 높아져 인기를 얻기 시작했다.

그렇다면 조경이 잘된 환경을 즐기고, 조경을 위해 투자하는 것은 국민소득이 얼마쯤 될 때일까? 조경이란 산림녹화나 치산치수와는 조금 차원이 다른 이야기다. 똑같이 나무를 주재료로 한다는 점에서는 공통점이 있지만, 산림녹화는 우리의 의식주 중 식食과 주住에 직접적으로 영향을 미치는 요소이고, 조경은 의식주가 모두 해결된 후에 눈을 즐겁게 하는 요소라는 점에서 큰 차이가 있다. 조경에 적극적 관심을 보이는 시점 역시 국민소득 만 달러인 시점을 고비로 본다. 우리나라로 치면 1990년대 중반이다. 그런데 우리나라에서 조경 사업은 이보다 20년쯤 전에 미리 시작되었으며, 자동차 관련 산업처럼 민간의 수요에 의해 태동하지 않았다. 정부의 필요와 계획에 의해서 시작되었으며, 그 리더는 박 대통령이었다. 신기하게도 박 대통령은 거의 모든 면에서 20년 아니 50년 앞을 내다보고 있었던 것이다.

:: 초가지붕 시절의 국토 조경

기록을 종합하면, 박 대통령이 조경에 본격적 관심을 보인 것은 1970년이다. 1970년이라면 새마을운동이 아직 시동을 걸기 전이다. 전 인구의 3분의 1이나 되는 농민들이 아직 양식이 부족하고, 전기도 없고, 초가집에, 재래식 냄새나는 화장실을 사용하는 환경이다. 이러한 때에 전 국토의 조경을 구상하기 시작했다는 것은 정말 대단한 안목이다.

　1972년 5월, 박 대통령은 미국 시카고 시청에서 조경을 담당하던 오휘영吳輝泳 씨를 경제제1수석비서실 조경-건설비서관으로 임명했다.[34] 조경공사업 면허제도를 도입한 것도 이때다. 1974년에는 전문적인 조경 용역을 위해 공기업 형태로 '한국종합조경공사'를 발족시켰다. 후에 민영화될 때까지 정부가 발주하는 고속도로변, 공단주변, 신규댐 공사장 등의 대규모 조경공사를 전담했다. 체계적이고 조직적인 조경 사업이 현실화된 것이다.

　박 대통령은 1970년도부터 고속도로, 공장, 국립공원, 관광단지, 철도 등의 건설과 문화재 복원 과정에서 체계적인 경관 조경을 시도했다. 국토 조경의 시작인 셈이다. 1972년에는 청와대에 조경비서실을 두어 국토건설 과정에서 조경을 국제수준에 맞게 실시하도록 유도했다. 청와대가 나서서 조경 관련책자를 발간하여 지침서로 쓰게 했다. 『절개지 훼손정비 지침』,『공장조경 지침』,『고속도로 기능식재 지침』,『철도조경 지침』 등이 있다고 서울대 김귀곤金貴坤 교수가 회고했다.

박 대통령은 서울 시내 여러 곳에 흩어져 있던 서울대학교 단과대학들을 한 군데로 모아 선진국의 종합대학교처럼 발전시키고자 했다. 그는 1971년 골프장으로 쓰이고 있던 관악산 기슭에 서울대학교 종합캠퍼스를 만들도록 했으며, 자연 지형과 경관을 최대한으로 유지하면서 건물을 배치하는 생태적 설계를 제시했다. 당시 우리에게 생소한 이안 맥하그Ian McHarg의 1969년 저서『자연과 함께하는 조경Design with Nature』에 처음 소개된 조경설계이론을 박 대통령은 이미 스스로 터득하고 있었다는 해석이 된다. 놀라울 뿐이다.

박 대통령은 공장조경 경진대회도 열도록 했다. 전국의 공장들을 상대로 한 조경 경진대회를 개최하여 선의의 경쟁을 유도하고, 경진대회 결과를 대통령에게 보고하도록 했다. 이 보고를 받은 박 대통령의 반응이 기록으로 남은 것이 있다. 경진대회 결과를 보고하는 차트 위에 친필로 '공장조경은 임원 편의 중심의 조경보다는 종업원의 건강과 복지를 배려하는 조경으로 하라.'고 지시한 것이다. 이에 따라서 공장들은 휴식시설, 운동시설 등을 설치하고, 대기오염 가스(예: 아황산가스)를 잘 흡수하는 환경정화수를 심게 되었다.

1972년 오휘영 씨가 조경비서관으로 임명되는 시기를 전후해서 청와대에는 조경 전문가들이 속속 보강되었다. 박 대통령은 한 달에 2~3건씩 조경 관련 지시사항을 오 비서관에게 하달할 정도로 조경에 관심이 많았다. 논산훈련소 녹화, 신탄진 연초제조창 녹화, 유공油公 정유-저유시설 주위녹화 등은 직접 오 비서관에게 지시했다.[34] 박 대통령의 조경에 대한 위와 같은 관심은 아무것도 아니다.

오 비서관은 1972년 7월 토요일 오후 박 대통령을 수행하여 아산 현충

박 대통령의 특별지시에 따라 공장조경은 종업원의 건강과 복지를 배려하는 방향으로 설계되었다.

사의 공사 현장을 찾았다. 조경공사가 아직 시작되지 않은 상태였는데, 대통령은 주차장이 정문과 너무 가까이 있어 경건한 분위기를 저해하며, 주변이 옛날 논이었기 때문에 배수가 잘 안 될 것이며, 이식移植할 대형 기증목의 뿌리돌림이 제대로 되지 않은 상태라고 지적했다. 차후 보완책으로는 ① 주차장과 진입로 사이에 인공 구릉을 만들고 수림대를 조성하여 경건한 분위기를 만들 것. ② 배수를 위하여 연못을 만들고 주위에 흙을 돋운 후 그 위에 나무를 심을 것. ③ 열매를 생산하는 나무를 많이 심어 새들이 모이도록 하되, 우리나라 자생수종으로 할 것을 지시했다. 박 대통령은 정확하게 문제를 파악하고 있었다고 오 비서관이 적고 있다.[34]

:: 대통령의 조경관

박 대통령은 평소에 국내 자생수종을 좋아했지만, 조경에서 항상 자생

수종을 강조하지는 않은 것 같다. 그는 일본 특산인 금송金松을 귀하게 여겼으며, 1970년 12월 현충사 사당 앞에 헌수했고, 같은 때 이퇴계 선생이 창건한 도산서원에도 금송을 기념으로 심었다. 이순신 장군을 모신 사당 앞에 일본인들이 즐겨 심는 금송을 식수한 것에 대해 지금도 찬반이 분분하다.[36]

그러나 지금은 국제화시대다. 원산지나 특정 국민의 선호 여부를 떠나 아름다운 나무라면 가리지 않고 심는 것이 열린 마음이다. 일본인들이 나라꽃으로 모시는 왕벚나무(일본명 사쿠라)는 한국인들도 오래 전부터 즐겨 심고 있다. 미국 워싱턴 D.C.의 포토맥Potomac 강변에는 왕벚나무가 줄지어 심겨 장관을 이루고 있는데, 일본이 미국과의 우의를 다지기 위해 심어준 나무들이다. 일본과 2차대전을 치루면서도 이 벚나무들이 논란의 대상이 되지 않았던 점이나, 국내에서 인기 있는 벚꽃축제 역시 열린 마음의 소산이라고 본다.

조경학을 전공한 서울대 배정한 교수는 다음과 같이 말한다.[20]

이순신 장군을 모신 아산 현충원을 복원하면서 박 대통령은 청와대에 있던 금송 한 그루를 헌수했다. 이를 두고 일본사람이 즐겨 심는 금송을 심었다는 부정적인 시각도 있지만, 국제화시대에 걸맞은 열린 마음이라고 필자는 믿는다.

"박정희의 조경에 관한 관심을 단순히 아마추어적 취미의 실천이라고 평가할 수 없다. 그는 전문 조경가에 가까운 수준에서 조경프로젝트를 기획하고 진행시켰다. (중략) 그는 군대 포병 장교로서 독도법에 능숙하여 경부고속도로를 설계할 때 등고선에 따라 산세를 정확하게 파악하고 있었으며, 조경 계획을 세울 때에도 이를 응용했다."

한 예로 1975년 경부고속도로를 이용해 대구로 내려갈 때 박정희는 고속도로 주변 구릉과 절토부분의 조림 및 조경에 대해 24건의 지시를 내렸는데 이는 거리로 따져 9km당 1건, 매 6분마다 1건씩 지시를 내린 셈이다.

> "아울러 '고속도로의 신설과 확장 시 절개지의 증대와 산야-하천의 관리 소홀로 자연경관을 해치는 일이 많다.'며 절개지의 녹화계획을 직접 그려 수종과 식재 형태까지 제안하는 등 각종 창의적인 아이디어를 수없이 창출해냈다. 각종 대규모 사업을 둘러보던 박정희의 시찰-지시-확인은 조경 프로젝트의 조사-계획-설계-감리에 해당된다."[20]

측근이었던 김정렴 비서실장에 의하면 박 대통령은 자신이 일류 조경가라고 생각하곤 했다고 한다.

> "박 대통령이 퇴청 후에도 창안하고 메모하고 그림을 그려 다음 날 아침에 지시하는 경우가 비일비재하였다. 예를 들면 (중략) 농촌 취락 구조개선 방법, 고속도로 주변 조경과 휴게소의 설치 요령, 관광단지의 구체적인 개조 요령 등을 직접 제시했다. 박 대통령은 고속도로 연변을 대자연에 맞게 조경하도록 구체적으로 지시를 하였으나 도로공사의 시공 결과 종래의 동양식 정원 가꾸기 식으로 되어 만족하지 못했다고 불만을 말하기도 했다."[8]

박 대통령이 조경에 관해 전문가적 수업을 쌓은 것은 아니지만 전문가적 식견을 갖추었다는 것이 전문가들의 견해인 것 같다. 아무튼 조경에 대해 박 대통령의 행보에는 거침이 없었다. 여천 석유화학공업단지는 에틸렌ethylene 생산량 300만 톤 규모로 세계 최대 규모 수준의 종합 석유

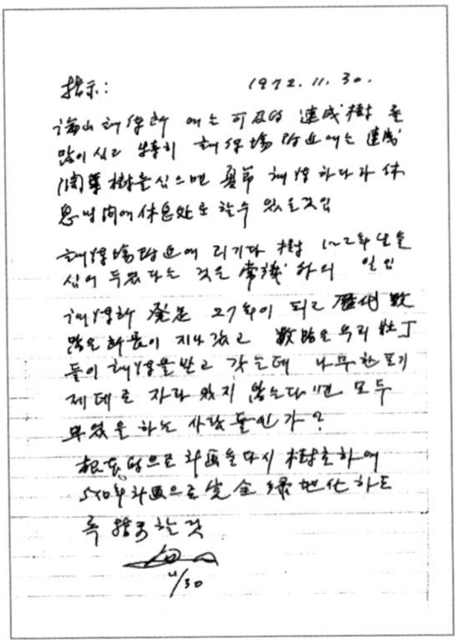

논산 신병훈련소 구내에 나무 그늘이 없음을 지탄할 정도로 장병들을 염려하고 한 치라도 녹지대를 더 만들겠다는 집념을 가진 박 대통령의 친필. (1972. 11. 30.)

화학단지다. 10만 톤급 선박의 하역이 가능하도록 대형부두도 건설했는데, 박 대통령은 이곳을 여러 차례 방문했다. 외국 선원들이 많이 찾는 곳이므로 청소와 미화에도 세계 최고수준이 되어야 함을 강조하면서 본격적 조경을 지시했다. 이 일이 계기가 되어 전국 공업단지 미화작업 우수업체 콘테스트를 열고 표창을 하게 되었다. 조경, 미화작업, 정리정돈을 종합적으로 판단하는 대회였다.[33]

1976년 12월 17일 영애 박근혜 양이 KBS와 가진 인터뷰에서 한 말이다.

> "며칠 전 유럽의 풍요로운 농촌 풍경이 담긴 새 달력을 걸어놓았다. 그때 마침 아버지께서 오셨기에 우리 농촌도 이렇게 잘살게 되어야 하지 않겠느냐 말씀드렸더니 머지않아 반드시 그렇게 될 날이 온다고 자신 있게 말씀하셨다."[32]

박정희의 미래의 농촌 모습은 유럽과 같은 목가적 향수였다는 것을 암시한다. 요즘 농촌의 목조주택의 풍경은 유럽을 닮아가고 있다.

:: 문화재 조경

박 대통령은 6.25전쟁으로 부서진 채로 버려져 있던 서울 남대문(숭례문)

을 군사혁명 직후 복원시켰으며, 1962년 '문화재보호법'을 제정하여 이승만 정부 시절 버려지다 시피한 문화재를 보호하기 시작했다는 것을 이미 기술한 바 있다. 그는 일찍부터 유적지의 복원에 특별한 관심을 보였으며 이때 유적지 조경을 직접 챙겼다. 1968년 8월 29일 박 대통령은 "현충사의 성역화 사업이야말로 공장을 몇십 개 몇백 개 세우는 것보다 더 큰 민족적 의미를 갖는 것이다. 국민들의 호국정신을 앙양하기 위해 전국에 있는 선인들의 유적지를 연차사업으로 정화하고 성역화시켜 나갈 것이다."[41] 라고 하면서 앞에서 기술한 대로 현충사 조경에 큰 관심을 보였다.

박 대통령은 현충사 이외에도 서울 낙성대(강감찬 장군), 행주산성, 진주성, 무열왕릉, 오죽헌 등의 유적지를 복원하면서 조경에 큰 관심을 가졌다. 또 조성 후에는 현장을 답사하여 조경 결과를 확인하기도 했다.[20] 1974년 '문예중흥 5개년계획'을 수립하여 호국전사 유적, 위인 유적의 보존과 보수 및 정화사업을 집중적으로 실시하였고, 1978년 제2차 문예중흥 5개년계획도 수립하였다. 중요한 사업 내용은 고전국역사업, 정신문화원 창설, 세종대왕릉, 안동 도산서원 등의 보존사업 등이었으며, 문화재 복원사업에는 조경 사업이 큰 비중을 차지했다.[34]

에피소드를 한 가지 소개한다. 어느 날 박 대통령이 최각규 경제기획원장관에게 "내게 100억 원을 줄 수 있나?"라고 물었다. "어디에 쓰시려고요?"라고 반문하니까 "유적지 조경에 쓰고 싶다."라고 대답하였다고 한다. 최 장관은 이에 약간 불만이 있어서 다른 각료들에게 "대통령께서 전국을 조경하실 모양입니다."라고 푸념하곤 했다고 한다.[44]

1973년 7월 3일 불국사 복원준공식에서는 나무심기를 지시했다. 불국사 주차장의 1~2호 변소 뒤편에 벚나무를 식재하여 미화하고, '화랑의 집' 뒤편 남산에 자생하고 있는 꼬불꼬불하고 클 수 없는 잡목을 제거

박 대통령은 방치된 채 훼손되고 있던 문화재 복원을 집권 초기부터 서둘렀으며, 불국사 복원은 우선적으로 이뤄졌다. (출처: 오휘영 씨가 찍은 1971년 불국사)

하고 적합한 수종으로 대체하라는 것이었다. 사람들은 '대통령이 화장실 주변에 나무 심는 것까지 간섭하는가?' 하고 의아해하기도 한다. 그의 나무와 자연에 대한 남다른 사랑 때문이었을 것이다. 박 대통령은 자동차로 지방을 다니면서 창밖을 살펴보다가 가끔 수행원에게 "저기 좋은 느티나무가 있었는데, 누가 베었어?"라고 묻기도 했다. 한국의 산야를 자신의 캔버스라고 생각하고 나무 한 그루, 풀 한 포기도 그냥 지나치지 않았다고 조갑제 씨는 기록했다.[45]

필자는 박 대통령의 조경관에 대해 다음과 같은 해석을 하고 싶다. 박 대통령은 정권 초기부터 한민족의 문화와 전통을 중요시했다. 개발도상국이 물질적으로 서구사회를 모방할수록 전통문화에 대한 욕구가 커지는 것은 자연스러운 일이다. 박 대통령은 민족주의에 입각한 전통을 조경에도 강조한 듯하다. 황폐한 산림과 자연을 우선적으로 녹화하면서 조경을 통해 도시와 농촌의 환경을 개선하고 아름다운 농촌을 건설하려고 한 것이다. 박 대통령은 한국적인 조경을 강조하였으나 당시에 한국적 조경에 대한 역사적 고증이 부족해서 일본 사람들이 즐겨 쓰던 향나무, 자연석 쌓기 등의 왜색을 그대로 답습하였다는 평을 듣기도 한다. 특히 일본사람들이 높게 평가하는 금송을 좋아함으로써 친일적이라는 평을 듣기도 했다.[37]

1970년대 초라면 우리 국민소득이 300달러에서 500달러로 올라가고 있을 때다. 김현옥 서울시장이 비좁은 서울시에 아파트 문화를 처음으로 도입하고자 서민들을 위한 저가 아파트를 짓던 시기였다. 참으로 우리 삶의 가치가 보잘것없다고 느껴지던 그때, 박 대통령은 우리의 눈을 즐겁게 하기 위해 동분서주하고 있었다는 얘기다. 지도자의 혜안이라고 표현해야 맞는 것일까?

:: 청와대 나무 관리

조경 얘기를 하면서 청와대 내의 조경 관련 이야기를 빠뜨릴 수는 없다. 청와대 터는 일제 치하에서 총독부 관저가 있던 곳으로서 예전에는 안쪽에 사찰이 있었다. 많은 고목들이 잘 보존되어 있으며, 전나무 같은 아름드리 거목들도 있다. 다음은 필자가 박원근朴元根 청와대 온실장을 면담하여 녹취한 내용이다. 원예학을 전공한 박 온실장은 1969~1979년까지 청와대에 근무하면서 경내 조경에 관하여 박 대통령을 지근거리에서 보좌했다. 편의상 대담 내용을 주제별로 번호를 붙여 소개한다.[37]

박 대통령의 감나무 사랑. 청와대에 있는 감나무에 열매가 너무 많이 달려 애처롭다고 하면서 직접 감을 솎아주는 모습.

1. 대통령의 직접 가지치기: 점심식사 후 시간이 생기면 박원근과 함께 직접 정원수의 가지치기를 했다. 사다리를 타고 올라가서 가지치기하는 것을 즐겼다. 집무실 서랍 속에 전정가위를 항상 넣어 두고 있었다. 1979년 11월 시해사건 후 유품을 정돈할 때 다양한 정전가위가 서랍에서 발견되었다.

2. 대통령 선호 수종: 경내 조경 수종 중에서 벚나무, 백목련, 유실수를 좋아했다. 살구나무, 감나무, 밤나무 등을 많이 심도록 했다. 특히 육영수 여사와 마찬가지로 백목련을 좋아했는데, 경내에 백목련이 많이 있었다. 결혼 초기에 아내를 목련꽃에 비교하는 시를 쓴 것이 남아 있다. 히말라야시다도 대통령이 좋아하던 나무 중의 하나였다. 특히 대구는 날씨가 따뜻하여 월동에 문제가 없어서 예부터 심어왔다. 동대구역에 가로수로 심어 지금도 거목으로 멋지게 자라고 있는 히말라야시다는 역시 박 대통령이 지시한 것이다. 대통령은 금송도 좋아했다. 경내에는 일제시대에 심었던 금송이 몇 주가량 있었다. 대통령이 청와대에 있던 금송을 1970년 아산 현충사와 안동 도산서원에 헌수했다. 경내에 살구나무도 많이 있었다. 농가소득에 도움이 될 것이라면서 씨앗을 채취하여 산림청으로 보내서 양묘하여 농가에 보급하라고 지시했다.

3. 아스팔트 피해: 경내에 고목이 많이 있었는데 아스팔트가 깔려 있는 쪽의 가지가 죽어가는 것을 보고 조치를 당부했다. 아스팔트에 구멍을 뚫어서 뿌리 호흡이 잘 되게 조치하고, 물통을 설치하여 물이 조금씩 흘러들어가도록 했다.

4. 유리 온실 건축: 1969년 박원근 씨가 근무를 시작할 때 청와대에 유리온실을 건축하도록 허락했다. 이 유리온실에서 경내에 필요한 실내장식용 화분을 관리하고, 선물 받은 식물도 관리하며, 후에는 대통령에게 신선한 야채(상추, 열무, 파프리카)를 소규모로 재배해서 식탁에 올리기도 했다.

5. 실내 식물 장식: 집무실마다 화분이 몇 개 정도 있었다. 박 온실장이 온실에 있는 화분을 교대로 바꾸어놓았다. 대통령은 향기가 있는 꽃과 난초류, 철쭉, 영산홍을 좋아했다. 꺾꽂이 장식은 절화를 주 2회 가량 남대문시장에서 구입하여 새

청와대 경내에는 조경수로 목련을 많이 심었는데, 흰 목련꽃은 육영수 여사에 비유되곤 했다. (1971년 봄)

롭게 장식했다. 청와대에 외국 귀빈이 방문할 때 접견실에는 가능하면 그 나라 식물이나 꽃으로 장식하려고 노력했다. 식물 이름을 메모해서 책상 밑에 넣어 두어 두 정상 간에 초기 대화가 부드럽게 이루어지도록 배려했다.

6. 낙엽을 쓸어내지 마라: 가을에 낙엽이 떨어지더라도 산책로변의 낙엽을 그대로 두라고 지시했다. 가을의 정취를 오랫동안 살리기 위해서였다.

7. 야생동물에 대한 배려: 경내에 유실수가 상당히 많았다. 열매의 일부는 따서 이용했지만, 감나무, 밤나무, 도토리를 생산하는 참나무류 등의 열매는 그대로 두도록 지시했다. 경내의 산새, 다람쥐, 야생동물들의 먹이로 필요하다는 배려였다.

8. 독특한 나무사랑: 어느 해 감나무의 가냘픈 가지에 감이 너무 많이 달린 것을 보고 박 대통령은 "가지가 힘들겠다."면서 그걸 고루고루 따주었다. "이만하면 가지가 힘이 덜 들겠지."라고 말하며 웃었다.[7]

9. 기념식수와 역사 보존이 안 되는 현실: 식목일이면 경내에도 가끔 기념식수를 했다. 모감주나무와 마가목 같이 흔하지 않은 나무들을 주로 기념으로 심었다. 식수가 끝난 후 이름이 새겨진 목재로 만든 팻말을 세워놓았다. 예전에 이승만 대통령, 윤보선 대통령도 기념식수를 했을 것으로 추측되는데, 경내에는 당시

두 대통령 이름이 있는 팻말을 찾아 볼 수 없었다. 역사를 있는 그대로 보존하지 못하는 정치적 현실이 안타까운 일이라고 박 대통령이 애석해했다.

필자는 최근 청와대 경내에 표찰이 남아 있는 기념식수를 확인해 보았는데, 박 대통령이 1978년 심은 가이즈카 향나무 한 그루가 기념표석과 함께 유일하게 남아 있다. 그 이후 역대 대통령들이 심은 나무들은 표석과 함께 제대로 보존되어 있다.

:: 대관령의 민둥산 조경

이번에는 특수경관조림에 관한 얘기다. 특수경관조림이란 구덩이 파서 나무 심는 일반조림과는 그 개념부터가 다르며, 특수조림에 해당된다. 그 역사적인 장소가 옛 영동고속도로 대관령 휴게소 근처다. 강릉으로 가는 사람들이 대관령에 도착하면 의례 한 번쯤 이곳의 시원한 바람을 쐬고 가야 한다고 알려진 곳이다. 해발 850m 대관령 정상 부근에 보잘것없는 광활한 관목림이 펼쳐져 있었으며, 연중 초속 30m의 강한 바람이 쉬지 않고 불어오는 지역으로서 매서운 겨울 추위와 2m 이상의 적설로 여간한 나무는 뿌리를 내리지 못하고 억새풀과 키 작은 관목이 드문드문 보일 뿐이었다.

1960년대 강원도에서는 화전민들이 여기저기에서 산림을 대규모로 훼손하고 있었다. 1967년 강원도는 화전정리사업을 시작하면서 대관령 지역에 168ha의 구릉지 산림을 개간하여 이들을 한 장소에 모아 농사를 짓도록 유도했다.[1] 그렇지만 이 지역의 열악한 기후 조건 때문에 농사가 제대로 되지 않아 이 시도는 완전히 실패하고 대신 광활한 불모

박 대통령이 청와대에서 기념 식수한 나무 중에서 현재 표석이 남아 있는 것은 1978년 영빈관 근처에 식재한 향나무 한 그루뿐이다. 그 이전 대통령들의 기념식수는 흔적이 남아 있지 않다.

지만 남게 되었다.

1975년 영동고속도로가 준공되면서 박 대통령의 특별한 녹화지시가 손수익 청장에게 내려왔다. 손 청장은 강릉영림서 박순조 과장의 안내로 현지를 답사했다. 박 과장은 이 지역에 바람이 세어 자동차가 뒤집어질 정도라고 손 청장에게 보고했다. 손 청장은 이 말을 믿지 않는 눈치였는데, 그날 실제로 지프차의 문이 바람에 뜯겨져 나갔다. 산림청은 연구와 회의를 거듭한 끝에 '특수 경관 조림'을 채택하기로 했다.[27]

1976년 봄 땅이 녹자마자 작업을 시작하여 우선 비탈면의 토사 유출을 방지하기 위해 사방공사처럼 등고선 방향으로 단을 만들었다. 그리고 도로에서 볼 때 어느 방향으로도 줄이 맞도록 추위에 강한 잣나무, 낙엽송, 전나무, 독일가문비나무, 자작나무의 대묘(키가 1m 되는 큰 묘목)를 심고,

대관령 지역의 특수경관조림은 큰 나무를 심고 강풍을 막기 위해 방풍책을 둘러 보호한 독특한 경우였다.

오리나무를 토양 개량의 목적으로 사이사이에 심었다. 나무마다 삼각지 주대를 세워서 쓰러지지 않게 하고, 각 나무 주변에 싸리와 조릿대로 원통형 보호통발을 치고, 전 지역에 높이 3m, 길이 20m 되는 목책을 총 4.8km에 설치하여 바람을 막았다.

가장 큰 역사는 객토였다. 토질이 워낙 척박했던 까닭에 당장 나무를 심으려면 다른 곳에서 영양분 많고 습기도 풍부한 흙을 가져다 섞어야만 했던 것이다. 강원도 평창군 횡계면 쪽에서 논흙을 덤프트럭으로 실어 날랐다. 인부들이 흙짐 지게에 흙을 퍼 담고 정상을 향해 300m가량 줄을 지어 올라갔다. 관할 영림서 직원과 작업 인부들은 작업 기간 동안 현지에서 합숙하면서 눈물겨운 노력을 쏟아부었다. 1976년 17ha에 4만5천 그루를 심는 것을 시작으로 매년 꾸준히 조림을 실시하여, 1986년까지 11년간의 피눈물 나는 노력으로 총 311ha의 면적에 84만3천 그루의 대묘를 심었다.[17]

그 후 대관령은 자연의 한계를 극복하고 아름다운 숲을 조성한 시범

1970년대 후반 열악한 환경을 극복하면서 조성한 대관령의 특수경관조림지는 특히 산림전문가들로부터 많은 찬사를 받는 곳으로도 유명하다. 2010년 8월 서울에서 개최한 세계산림과학대회에 참석한 외국 과학자들도 이곳을 시찰하고 아낌없는 박수를 보냈다.

단지로 알려져 지금도 널리 홍보되고 있다. 2010년 8월 서울에서 열린 제23차 세계산림과학대회IUFRO는 1,813명의 외국인과 921명의 내국인 과학자가 참석한 사상 최대 규모의 임학 관련 국제학회였는데, 대관령을 방문한 외국 과학자들이 감탄을 금치 못했다. 필자가 이들에게 당시의 특수조림 상황과 철저한 화전민 이주대책을 설명했는데, "Korea, Number One!"이라는 찬사를 터트렸다.[37]

제19장

승리의 노래

제1차 치산녹화 10개년계획의 골자는 1973년부터 10년 동안 100만ha에 21억 그루의 나무를 심겠다는 것이었다. 당시 전체 산림면적 664만 ha의 15%에 해당한다. 또 이미 나무가 심겨 있는 418만ha를 육림하고, 4만2천ha에 사방사업을 하겠다는 것이었다. 그런데, 10년 계획을 6년 만에 끝내고 말았다. 엉성했던 계획이 아니라, 전투처럼 목숨을 걸고 했던 속도전이었기 때문이다. 그리고 목표를 초과해서 108만ha에 29억 그루의 나무를 심었다. 전국 3만4천 개 단위마을이 참가했다. 어린이나 노약자를 제외한 전 국민이 6년 동안 1인당 430m²(130평)의 산지에 120 그루씩을 심었다는 뜻이다.[27]

이 과정에는 부끄러운 일도 있었다. 1976년 정부는 산림공무원의 도벌 감시를 위해서 기동력을 높여주는 방안을 모색하던 중, IBRD 차관으로 일본에서 오토바이를 수입하여 전국 시와 군의 산림과에 나누어

민둥산과의 전쟁에서 승전고를 올린 초기 모습이다. 산은 아직 뼈대를 드러내고 있지만 그 산을 살포시 덮은 푸른 옷이 참으로 아름답다. (경기도 포천군 조림성공지역)

주기로 했다. 부산세관에 도착한 280대의 오토바이가 통관을 기다리고 있었다. 당시 국내에서 오토바이는 희귀한 고가의 물품이었다. 도둑들이 눈독을 들이면서 기회를 엿본 것이 분명했다. 오토바이 자체를 훔쳐 가면 곧 발각되므로 대신 부품을 몰래 한 개씩 빼어갔다. 통관을 마친 후 현지에 배달된 오토바이들은 부품이 없어 제대로 움직이지 못했다. 당시만 해도 너무 못살다 보니 부품 도둑이 극성을 부렸던 것 같다 (출처: 김연표 산림청 차장의 면담 녹취록과 현신규 박사의 뒷이야기). 산림녹화 전투에서 패배한 작은 국지전이었던 셈이다.

: : 식목일 일화와 작은 오판

식목일은 당시 매우 상징적이고 중요한 날이었다. 이를 홍보하기 위해 1975년에는 기념우표를 발행하여 국민식수기간이 3월 21일부터 4월 20일까지 지속됨을 국민에게 알렸다. 박 대통령이 식목일 행사에 꼭 참석한다는 점은 앞에서도 밝혔다. 대통령이 이렇게 하니 전국의 공공기관도 식목행사를 비중 있게 다루었다. 산림청은 각 기관의 식목행사가 제대로 시행되는지 감독하기 위하여 산림청 직원을 전국기관의 식목행사에 파견하였으며, 특히 기관장의 참석 여부는 주요 보고사항 중 하나였다.

필자는 미국에서 유학을 마치고 정부의 재외 과학기술자 유치계획으로 귀국한 후 산림청 임목육종연구소에 근무하면서 1980년 처음으로 정부 부처의 식목행사 감독관으로 참석하였다. 경기도 용인군에서 거행된 체신부의 식목행사로 기억하는데, 장관과 국장들을 포함하여 총 100여 명이 오전 내내 잣나무를 심었다. 필자에게는 해외유학 중이던 8년간 보지 못했던 국내 산림녹화 현장을 직접 경험하는 기회였다. 여직원

국민식수기간 특별우표
Special Postage Stamps Marking the National Tree Planting Campaign

1975. 3. 20

산림녹화의 서광이 보이기 시작하자 국민식수기간 기념우표까지 발행하며 사업에 박차를 가했다. (1975. 3. 20.)

들까지도 팔을 걷어 부치고 열심히 삽질을 하는 모습이 아직도 감동으로 남아 있다.

1977년 식목일 행사에서 박 대통령은 아주 뼈 있는 언급을 했다.

"우리나라 산림 파괴의 일부 책임은 군부대에도 있다. 과거 군부대에서 연료 확보나 부대원의 후생을 위해서 군 트럭을 이용해서 민간인과 군인들이 남벌을 감행한 것은 사실이다. 내가 강원도 지구의 부대장을 했을 때도 그렇게 했다. 그러니까 군부

262

대도 국토녹화에 앞장서서 참여해야 할 응분의 책임이 있으니 적극적으로 나서야
한다.”

박 대통령은 군 시절 나무를 많이 베어 쓰기도 했지만, 육군 소장으
로 1군 참모장이 되어서는 1군 내의 장작사용과 후생사업을 척결한 사
람이다. 두 가지 고질병을 고쳤으면 자긍심으로 가득했을 법한데, 이번
언급을 보면 그동안 마음에 적지 않은 부담을 가지고 있었고, 그 부채를
갚으려 애쓴 것 같다.

식목일에 관련된 에피소드도 있다.[27] 경기도 광릉 임업시험장의 숲
은 해방과 한국전쟁 기간 동안에도 직원들의 헌신적인 노력으로 온전
히 보존되어 있었다. 아름다운 천연림은 국내 어디에서도 유례를 찾아
볼 수 없었으며, 박 대통령도 식목행사를 여러 차례 가졌던 곳이다. 어
느 해인가 식목일 날 오찬을 하는데 멀지 않은 곳에서 산토끼 한 마리가
나타나 달아났다. 박 대통령은 주변에서 미처 말릴 겨를도 없이 식사를
중단하고 토끼를 쫓아 뛰었다. 물론 잡지는 못했지만, 순간적인 동심은
보통 사람과 다를 바 없었다. 경호원은 말할 것도 없고 오찬을 같이 하
던 많은 사람들이 한때 어찌할 바를 몰랐다. 산이 우거져 토끼가 뛰놀게
될 만큼 환경이 좋아지는 것을 만족해하면서 순간적으로 동심으로 돌
아갔을 것이다.

두 번째 에피소드가 있다. 1976년 2월 경상북도 순시를 위해 수원에
서 대구 인터체인지까지 두 시간 반 동안 이동하는 동안, 박 대통령은
차 안에서 고속도로 변의 산림에 대해 총 48건의 사항을 지시했다. 거
리와 시간으로 계산하면 3분마다 그리고 4km마다 한 건씩을 지시한 셈
이다. 김연표 조림과장이 지시사항을 모두 기록했다. 후에 손 청장은 김
과장을 대동하고 현장을 확인하는 데 3일이 걸렸다. 대통령의 문제 파

박 대통령이 지시한 추풍령식 조림은 밤나무의 경우를 제외하고는 간격이 너무 넓어 적절하지 못하다는 평을 받았다. (경기도 포천군 창수리 밤나무 단지)

악은 거의 정확했으며, 절개지에 대한 복구방법과 지시사항도 매우 구체적이었다.[6]

박 대통령의 지시사항이라고 해서 모두 옳았던 것은 아니다. 성공적이지 못했던 내용도 있었다. 미국의 미송美松, Douglas-fir 이야기다. 미국에서 가장 많이 수입되는 목재가 바로 미송이다. 1970년대 어떤 주미대사가 미국 서부지방에서 곧게 자라면서 울창한 숲을 이루고 있는 미송에 매료되었던 모양이다. 그는 외무부 채널을 통해서 10만 그루의 묘목을 항공편으로 임목육종연구소로 보냈다. 혹시 중간에 소홀함이 있을까 염려하여 대통령의 특별지시를 덧붙였다. 연구소는 이 많은 묘목을 월동시키느라 큰 고생을 했다. 이듬해 전국에 심어 시험해보았으나 기후가 맞지 않아 모두 실패했다.[37]

그 밖에 불량한 어린 숲을 갱신할 경우 한꺼번에 모든 나무를 베어 임지가 황폐해지는 것을 방지하기 위해 박 대통령은 수직 방향으로 줄띠(대상, 帶狀)모양으로 나무를 남겨 두는 '추풍령식 벌채'를 제안했다. 이 방법은 어린 나무에 그늘을 만들어 적절하지 않다는 평을 받았지만, 생장이 빠른 밤나무 조림에는 응용되기도 했다. 미국 서부지방 방문 시 박 대통령이 좋아했던 병솔꽃나무도 한국 기후에 맞지 않아서 실패한 경우에 해당한다고 노의래盧義來 박사(전 국립산림과학원장)가 회고했다.

:: 세계은행차관으로 나무를 심다

1976년에는 좀 특별한 사업이 있었다. 세계은행차관으로 연료림을 조성하게 된 것이다. 1975년 봄 경제기획원이 IBRD 차관을 신청하면서 산림녹화 분야를 포함시켰다. 한국 정부는 세계은행IBRD으로부터 1976~1977년 2년간 6천만 달러의 '새마을사업 차관'을 받는데, 이 중에서 416만 달러는 연료림 조성 몫이었다. 차관자금을 조림사업에 투자한 것은 세계적으로 유례가 없는 경우였다.

142만 달러는 연리 8.5%, 274만 달러는 연리 4.5% 조건으로 거치기간 7년을 포함해서 25년 상환조건으로 들여왔다. 자전거를 타고 다니던 산림공무원들에게는 오토바이가 지급되어 사기가 높아지고 근무환경이 매우 좋아졌다. 연료림 조성사업과 산림녹화사업이 헛수고로 끝날 경우 귀한 돈을 낭비하는 셈이 되므로, 대통령과 정부의 강력한 국토녹화 의지와 철저한 감독 없이는 이 사업을 할 수 없었을 것이다. 정부는 본래 제1차 치산녹화 10개년계획으로 총 20만7천ha의 연료림을 조성할 계획이었는데, 1976년부터 1977년까지 IBRD 차관으로 12만7천ha의 연료림을 조성하여 연료림 사업을 조기에 완결했으며, 정부는 2000년까지 원금을 모두 상환했다.

차관자금까지 동원한 산림녹화사업이 한창 진행되고 있을 때였다. 미국 CBS 방송사는 한국이 IBRD 차관으로 들여온 귀한 자금으로 나무를 심는다는 정보를 입수하고, 실제로 그 돈이 녹화사업에 제대로 쓰이고

치산녹화사업이 출발하여 그 열기가 고조되고 있던 시절, 조림 후 3년 된 낙엽송림의 모습이 정말 아름답다. (42ha의 충북 청원군 가덕면 수곡리 조림지, 1974년 촬영)

있는지 캐내려고 시도했다. 1977년 봄 CBS 방송사의 취재팀이 한국에 와서 전국을 돌면서 심도 있게 취재를 했다. 연료림 조성현장과 사방사 업 현장을 밀착 취재하면서 기자들은 자신들의 생각이 처음부터 잘못 되었음을 곧 알 수 있었다.

외국기자들은 조림대장造林臺帳에 기록된 숫자와 현장에서 자라고 있는 나무의 숫자가 일치한다는 사실과, 검목檢木제도로 정부가 이미 두 번 이 상 투명하게 현장 확인을 했다는 사실을 알게 되었다. 또한 마을 주민들 이 산림계원으로서 노임을 받지 않고 자발적으로 연료림 조성에 참여하 며, 참여한 가구에게만 연료채취권이 주어진다는 것도 알게 되었다. 열 심히 나무를 심는 농촌 주민들과 철저하게 지도 감독하는 산림 공무원 들이 구슬땀을 흘리는 헌신적인 모습을 보면서 지금 비리가 아니라 세 계적으로 감동을 줄 수 있는 성공적인 녹화사업이 될 것이라고 판단하 게 된 것이다. 결국 CBS 방송은 한국의 새마을사업과 치산치수사업을 매우 긍정적으로 보도하게 되었다. 한국인들의 애국심과 젊은 청년들 의 협조와 봉사정신을 높게 평가하면서 성공의 가능성이 높다고 전 세 계에 전했다.[27]

이 보도가 있은 후, UN의 FAO(식량농업기구)가 한국의 치산녹화사업 현장 을 시찰하겠다고 통보해왔다. 1980년 FAO 임업담당관 아놀드Arnold박사 가 개발도상국 임업인 20명을 인솔하여 내한하여 영일사방사업지구를 방문한 후 격찬을 아끼지 않았다. 1982년 FAO는 보고서를 내놓으면서 "한국은 제2차 세계대전 이후 산림녹화에 성공한 유일한 개발도상국"이 라고 극찬했다.[49] 그 이후 동남아의 여러 국가에서 한국의 성공적인 새 마을사업과 산림녹화사례를 견학하기 위한 행렬이 줄을 잇게 되었다.[27]

'하늘은 스스로 돕는 자를 돕는다.'고 했다. 꿈도 꾸지 않았던 일이다. 세계은행이 한국의 조림사업을 위해 차관을 제공하리라는 것을 어떻게 예견했으며, 세계적인 방송사가 한국의 피땀 어린 식수 이야기를 세계만 방에 홍보해줄 줄 어느 누가 알았을까? 그러나 스스로 열심히 하다 보면 목적을 달성하게 되고, 언젠가는 명예도 찾아온다는 것이 우리의 녹화사 업이 주는 커다란 교훈이다.

: : 대통령 인사도 나무 심듯이

박 대통령은 시간과 인내심이 필요한 조림과 육림에 꾸준한 관심과 사랑을 보여주었다. 그는 자신의 사람들을 기용할 때 유능하고 헌신적인 엘리트 관료들을 뽑아서, 심은 나무가 장기간 한 장소에서 뿌리를 내려야 비로소 제 기능을 발휘하는 것처럼, 특별한 사유가 발생하지 않는 한 그 자리에 오래 머물도록 했다. 그것이 정책의 일관성과 국정의 안정을 도모하는 데 최선의 길임을 그는 알고 있었다. 남덕우南悳祐 서강대학교 경제학과 교수는 1969년부터 10년간 박 대통령과 함께 일했는데, 남 교수의 생각을 김인만 씨가 다음과 같이 적고 있다.

> "세계은행 등 외국의 전문기관과 경제학자들은 이렇게 분석했다. 박정희는 엘리트 공직자들이 놀라운 열정으로 국가발전에 헌신하도록 유도했다. 그는 고위 공직자들을 권력으로 복속시키지 않고 국익 창출의 동반자로 대우했으며, 그들을 전위에 내세우고 독려했다. 때로 수직관계가 아닌 수평의 인간적 교감으로 그들을 보살폈다. 능력이 인정되면 장기간 함께 일하도록 했다. 대통령의 신임은 바로 엘리트 관료들을 움직이는 동력이었다."[7]

고건 전 국무총리는 "당시 황폐했던 우리 국토가 푸르게 바뀌어 가는 모습을 보면 밥을 안 먹어도 잠을 안자도 힘이 솟았다.”고 회고한다. 박 대통령이 방향을 분명히 잡아주고 사명감과 긍지를 높여주며, 신뢰와 독려가 있었기 때문이다.

박 대통령은 철저히 ‘검증된 사람’만을 기용했다. 김정렴 전 대통령 비서실장은 “대통령의 초도순시나 수출진흥확대회의 같은 각종 회의는 관료들의 능력을 검증하는 장場으로 활용되곤 했다.”고 말했다. 또, 박 대통령은 장관에게 차관급 이하의 인사권을 일임했다고 한다. 이는 해당 장관을 신임한다는 뜻을 보이는 것이자, 장관이 마음껏 일할 수 있는 환경을 만들어주는 것이기도 했다.

박 대통령은 현장과 실무자를 중시했다. 확인행정의 산물일 것이다. 1975년 4월 17일 박 대통령은 영일 사방사업 현장을 시찰했다. 헬기가 뜨지 못할 정도로 비바람이 거세게 불어 박 대통령 일행은 지프차를 타고 노폭 3m밖에 안 되는 비포장 험로를 따라 고생하면서 현장까지 갔다. 현장 종사자들을 직접 격려해주기 위해서였다.

> “브리핑 차트 판을 두 사람이 마주 잡고 있어야 했고, 비바람에 차트 종이가 찢겨져 날아가, 결국에는 구두로 보고해야 했지만, 그런 악천후 속에서도 대통령이 현장을 찾아주어서 현장 종사자들의 사기는 하늘을 찌를 듯했다.”[21]

박 대통령은 현직에 있는 사람만을 중시한 것이 아니었다. 의견을 달리하는 전문가의 말도 경청했다. 1973년 늦은 봄 어느 날 토요일 오후, 김정렴 대통령 비서실장이 수원의 임목육종연구소를 찾아왔다. 이 연구소를 창설한 현신규 박사로부터 원로학자의 치산녹화계획에 대한 의견을 들어오도록 박 대통령이 보낸 것이었다. 현 박사는 1963~1965년까지 2년간 농촌진흥청장 직을 맡았던 것 이외에는 오로지 연구에만 몰두

하고 있는 분이었다.

현 박사는 김 비서실장에게 조급하게 진행되는 조림사업의 문제점을 지적했다. 과거에 수많은 나무를 심었으나 대부분 실패했는데, 그 원인을 객관적으로 그리고 과학적으로 평가한 후에 이를 기초로 하여 차근차근 조림사업을 해야 한다고 건의한 것이다. 박 대통령의 산림녹화 '조기 달성' 원칙과는 정반대 의견이었지만 박 대통령은 이를 받아드려 교수들로 구성된 조림실태조사반을 편성하도록 허락했다.

현 박사는 이태리포플러, 리기테다소나무, 은수원사시나무를 개발한 바 있었는데, 박 대통령은 현 박사를 원로학자로 깍듯하게 대우했다. 특히 식목일 행사 때마다 은수원사시를 많이 심으라고 여러 차례 언급한 기록이 있다. 박 대통령은 매년 식목일 행사 때마다 즐겨 현 박사를 만났으며, 식목일이 가까워지면 현 박사가 식목행사에 참석하는지를 비서들에게 미리 확인하기도 했다. 1978년 5월 16일, 박 대통령은 5.16 민족상을 현 박사에게 주었으며, 이 자리에서 은수원사시나무를 현 박사의 성을 따서 '현사시'로 이름을 붙여주기도 했고, 그해 육림의 날에는 현 박사에게 지프차를 하사하기도 했다.[36]

조갑제 씨는 박 대통령의 국가 통치방법을 이렇게 요약했다.

> "시스템 운영의 귀재라고 불리는 박정희는 국정운영의 ① 가장 중요한 목표를 수치화하고, ② 이 목표를 달성하기 위한 각 부서의 역할을 명백히 한 다음에, ③ 적재적소의 인사를 통해서, ④ 각각의 역량을 이 방향으로 집중시켜 놓고, ⑤ 그 집행과정을 제도적으로 확인하고 점검하며, ⑥ 수정과 독려를 되풀이했다."[45]

필자도 이에 공감한다. 위와 같은 행정은 요즘 이야기하는 효율적 '거버넌스governance'의 선진적 도입이었다고 평가하고 싶다. 박 대통령의

1978년 5월 16일 박 대통령은 리기테다소나무와 은수원사시나무를 개발한 공로를 인정하여 현신규 박사에게 제 13회 '5.16 민족상'을 수상했다.

산림녹화사업이 성공한 것도 ① 국책사업으로서의 뚜렷한 수치화된 목표, ② 적재적소의 인사 기용과 신임, ③ 참모가 역량을 발휘할 여건 조성, ④ 철저한 확인-감독, ⑤ 담당공무원과 현장노무자에 대한 따듯한 격려 때문이었다고 판단한다.

:: 산림녹화의 성공 요인

손수익 산림청장은 '제1차 치산녹화 10개년계획'을 위해 태어난 사람이라고 해도 과언이 아니다. 그는 1973년 1월 16일부터 1978년 9월 10일까지 5년 8개월간 산림청장을 역임했다. 손 청장의 재임 기록은 2022년 현재에도 깨지지 않고 있다. 손 청장은 부임하자마자 이 계획을 맡아서 앞당겨 6년 만에 완성하고, 산림청장 직에서 물러난 사람이다.

손 청장은 이 기간 동안 헬리콥터 탑승 600시간을 돌파했다. 특히 1978년 2월 20일부터 5월 14일 사이에 손 청장은 김연표金演表 조림국장을 대동하고 헬기로 전국 마을양묘장 109개소, 조림지 87개소, 사방사업지 23개소를 시찰했다. 84일 동안 총 219개소를 직접 방문하고 현황을 점검한 셈이다. 이 얘기는 김연표 씨가 필자와의 면담에서 당시의 낡은 메모장을 직접 보여주면서 들려주었다.

6년간 총 600시간이라면 아마도 정부수립 이후 정부 고위관료로서 누구도 따라올 수 없는 탑승기록을 세운 것이 아닌가 한다. 그의 열정은 정말 대단했다. 손 청장은 현장을 방문할 때 눈금이 있는 막대기를 가지고 다녔다. 양묘장에서 묘목의 크기, 식재 간격, 꺾꽂이 각도를 직접 재어보기 위한 것이었으며, 제대로 되어 있지 않으면 호통을 칠 정도로 철저했다.[36] 그는 이제 한국의 성공적인 산림녹화의 전설적 인물이 되었다.

박 대통령은 손 청장에 대한 신임이 두터웠으며, 산림녹화에 대해 만족감도 자주 표시했다. 산림녹화를 손 청장에게 맡긴 이유가 손 청장의 주도면밀한 기획력과 그의 사명감을 알고 있었던 까닭이었는데, 예상대로 그 믿음이 잘 증명되자 나온 반응일 것이다. 손 청장은 철저한 현장점검과 지도감독으로 녹화사업을 이끌었다. 대통령의 눈에는 손 청장의 열성에 대해 하늘의 도움도 있었다고 생각한 것 같다. 1970년대 후반 녹화사업이 한창일 때 봄에 전국에 비가 자주 왔다. 어느 날 박 대통령은 손 청장과 이런 대화를 나누었다.[36]

"손 청장은 럭키 보이야."

"네, 무슨 말씀이십니까?"

"나무만 심어놓으면 비가 오니 말이야."

박 대통령은 경북 사투리를 많이 썼는데, 손 청장과 함께 조림현장을 답사하면서

"저기 좀 보게. 소나무 밑에 갈비가 제법 쌓였는걸."

하고 나무 밑에 낙엽이 쌓여 가는 것과 산에 나무가 조금씩 푸르러지는 것을 보고 만족해했다. '갈비'는 경상도에서 소나무의 마른 가지를 두고 일컫는 사투리이다.[36]

산림청은 1971년 최초로 헬기 3대를 보유하게 되자 산림항공본부를 창설하였으며, 1980년까지 7대를 가지고 병해충 방제사업에 사용했다. 1981년에는 최초로 헬기를 이용한 산불진화를 시작했으며, 이제는 50여 대를 보유하면서 헬기 없이는 산불진화가 불가능할 정도로 요긴한 장비가 되었다.

제1차 치산 녹화계획이 순풍에 돛단 듯이 진행되어 가자, 박 대통령은 또 한 발 먼 곳을 내다보고 있었다. 경제림 조성이 그것이다. 1977년

이제 울창한 숲은 전국 어디에서나 볼 수 있는 익숙한 풍경이 되었으며, 산림욕장으로 활용되면서 목재자원으로의 전망도 매우 밝다. (제주도 남원읍 한남시험림의 40년생 삼나무림)

1월 내무부 연두순시와 2월 지방장관 회의, 그리고 충남북 연두순시 등에서 박 대통령은 다음과 같은 내용의 발언을 반복했다.

> "조림녹화 산림정책은 산에 그냥 나무만 심는 것이 아니라, 경제림 단지를 만들어 경제성이 높은 수종을 조림해 주민들의 소득증대에도 이바지할 수 있도록 밀고 나가야겠다…."

이에 따라서 1979년까지 3년에 걸쳐서 86개 장소에 2,000ha의 경제림 단지를 완성해 놓았다.

이렇게 제1차 치산녹화 10개년계획이 완성되었다. 1973~1978년 사이에 조림면적 108만ha, 식재본수 29억 본, 육림 면적 418만ha, 사방 사업 면적 4만2천ha를 기록하면서 10년 사업을 6년에 조기 완성한 것이다. 이와 더불어 특기할 것이 또 있다. 1960년, 군사혁명 전년도에 전국에 사방공사를 꼭 해야 하는 황폐지가 524,436ha에 달했었는데,

1980년도에는 33,990ha로 줄었다.[28] 결국 박 대통령은 18년 집권기간 동안에 황폐지의 94%를 녹화해 놓았다는 계산이다.

이것은 쾌승의 전투였다. 그러나 이 승리가 특별히 누구 때문이었느냐를 따지는 것은 의미가 없다. 박정희 대통령, 김현옥 내무부장관, 손수익 산림청장, 도지사, 시장, 군수, 산림청 전 공무원과 지방의 산림관련 모든 직원들, 산림조합, 그리고 농민들, 모두가 승리의 주역이기 때문이다. 어느 한 그룹이라도 제 몫을 다하지 못했다면 이 전투는 패배했을 것이기 때문이다. 임학자의 입장에서 필자는 1970년대 산림녹화의 성공 요인을 이렇게 분석한다.[50]

1. **박정희 대통령**: 국토녹화에 대한 통치권자의 강렬한 의지가 있었다. 집권기간 내내 지속적인 관심을 표출하고, 강한 추진력과 경우에 따라서는 구체적 지시도 내렸다. 박 대통령은 치산녹화계획을 당시의 경제개발계획, 국토종합개발계획, 그리고 새마을운동과 유기적으로 연결시켜 지속적으로 추진함으로써 최고의 거버넌스의 모델을 보여주었다. 인사 면에 있어서는 조직운영에 능숙한 손수익 청장을 발탁하고 6년에 걸쳐 소신껏 임무를 완수하도록 신임하면서 유임시켰다. 박 대통령은 공무원이든 기업인이든 민간인이든 마을 사람이든 간에 일하는 사람들에게 자신들이 하는 녹화사업에 대한 보람을 느끼게 하고, 사기를 지속적으로 높여 주었다. 자신이 대통령의 신임을 받고 있고, 자신이 입안한 정책이 대통령의 관심 속에 꾸준히 실행되고 있다는 것을 깨달을 때 담당 공무원은 정말 헌신적으로 일하게 된다. 이러한 성공적인 국토녹화의 뒤편에는 통치권자의 강력한 추진력에 따라 일사불란하게 움직인 관련 공무원과 국민들의 열정이 녹아 있었다.

2. **김현옥 내무부장관**: 새마을사업과 산림녹화사업을 내무부의 2대 국책과제로 삼은 후 대통령을 철저히 보좌했다. 산림녹화에 대한 지대한 관심, 추상같은 명령, 산림청에 대한 전폭적인 지원(경찰력을 동원한 산림사범 처리, 직통전화 가설 등)을 아끼지 않았다. 특히 그는 산에서 낙엽 채취를 절대적으로 금지시킴으로써 토양 유실을 막고 토양을 비옥하게 만들어 나무 생장에 유리한 환경을 만들어주었다. 또한 김 장관은 조림지의 철저한 사후관리를 위해 교차검목交叉檢木제도를 도입했는데, 이 제도는 봄에 심은 나무를 후에 다른 지역의 공무원들이 두 번에 걸쳐서 투명하게 확인함으로써 정실을 배제하고 허위보고를 근절시켰으며, 활착률을 94%까지 끌어올리는 데 결정적인 역할을 했다.[52]

3. **손수익 산림청장**: 카리스마 넘치는 리더십을 6년간 발휘했다. 박 대통령과 김현옥 장관의 뜻을 정확히 파악하여 관련 정책의 유기적 공조체제를 구축하고, 명확하고 효율적인 녹화계획을 작성했다. 화전정리사업에서 보여준 것처럼 기획의 귀재답게 누수현상이

없는 철저한 행정지침을 마련하여 치산녹화사업을 완벽하게 마무리 지었다. 끊임없는 현장지도와 확인 위주의 철저한 감독행정으로 검목제도를 정착시켰으며, 따뜻한 마음으로 담당공무원을 보듬으면서도 엄한 현장 독려를 병행했다. 그는 산림직 공무원의 대폭적인 승진 기회를 마련했고, 대통령 하사금을 하부조직까지 수시로 전달하여 사기를 진작했다. 역사상 최장수 산림청장으로서 6년간 재임하면서 10년 치산녹화계획을 6년 만에 조기 완성하는 개가를 올렸다.

4. 산림공무원: 우리 국민 특유의 근면성을 발휘했고, 대통령의 지속적인 격려에 직업의식과 애림사상이 충만했다. 별로 인기가 없는 산림직 공무원으로서 박봉에 시달리면서도 성공적으로 진행되는 녹화사업에 대한 큰 자긍심과 보람을 느끼며 만족할 줄 알았다. 국가 발전을 위해서 보이지 않게 몸을 바쳐 헌신한 진정한 애국자들이었으나, 그런 티를 전혀 내지 않는 겸손함이 돋보인다. 자연을 벗하면서 순수한 마음을 가지고 그늘에서 묵묵히 일하는 모습이 당시 공무원 사회의 귀감이 되었다고 할 수 있다. 지금 70대 혹은 80대 노령의 나이에 대부분 생존해 있다. 맑은 공기를 마시면서 즐거운 마음으로 일한 덕분에 건강을 유지하면서 장수하고 있다고 믿는다.

5. 마을 주민과 새마을운동: 녹화사업의 초기에 가난한 농민들은 노동의 대가를 구호양곡의 형태로 받았거나 부역 형태로 동원되었다. 불법적인 연료채취의 부담감에서 점차 벗어나 연료림 공동조성의 필요성을 인식하게 되었다. 1960년대 마을 주민들로 구성된 산림계山林契를 통해 조림사업에 동참했다. 산림계는 녹화사업에서 노동

력을 동원하는 데 결정적인 역할을 담당했던 산림조합의 말단 조직이었다. 1970년 시작된 새마을운동은 근면, 자조, 협동을 모토로 하는 정신개조 및 실천운동이었는데, 이런 정신은 산림계에서 이미 발휘되고 있어서 마을 주민이 쉽게 단합할 수 있었다. 새마을 양묘로 얻는 공동수입에 대한 기대가 커지고, 새마을조림으로 숲이 우거져 홍수와 가뭄이 줄어들고 관개수가 풍부해지는 혜택을 실감하면서, 주민들이 새마을운동의 일환으로 녹화사업에 적극 동참하게 되었다.

6. **경제 사회적 여건**: 치산녹화 초기 단계에는 농촌 식량이 절대적으로 부족하고 소득도 낮은 반면, 농촌에 값싼 유휴 노동력이 풍부해서 인력동원이 용이했다. 후기 단계에는 급속한 경제발전에 따른 대체연료(연탄)의 보급으로 임산연료 채취가 줄어들고, 농촌인구도 함께 감소하여 산림 훼손의 기회가 근원적으로 적어졌다. 국민소득이 높아지고, 국제목재시장을 일찍이 개방하여 목재가격을 낮게 유지함으로써 산에서 나무를 잘라도 돈이 되지 않으니 도벌꾼이 자연스럽게 없어졌다. 위와 같은 경제사회적 여건도 빠른 산림녹화에 간접적으로 기여했다. 한국에 이런 기회가 주어진 것은 행운이었으며, 열심히 노력하는 자에 대한 하늘의 보답이었다고 생각한다.

제20장

경제발전만큼 값진 국토녹화

:: 산림녹화에 성공한 유일한 개발도상국

한국은 1970년대 실시한 성공적인 산림녹화로 울창한 숲을 가지게 되었다. 1980년 UN 산하기구 FAO(식량농업기구)는 한국의 녹화사업 현장을 확인하기 위해 전문가(아놀드 박사)를 보냈다. 1982년 FAO는 보고서를 통해서[49] "한국은 제2차 세계대전 이후 산림녹화에 성공한 유일한 개발도상국이다."라고 산림녹화사업을 극찬했다. 한국이 독일, 영국, 뉴질랜드와 더불어 세계 4대 조림성공국이라고 했다. 특히 한국은 산림이 전국적인 규모로 오래도록 황폐한 상태에서 단기간에 완전히 녹화된 경우라 더 큰 의미가 있다. 세계적으로 처음 있는 성공사례에 해당한다. 미국 지구정책연구소의 레스터 브라운Lester Brown 소장은 2006년 그의 저서『계획 B 2.0: 문제에 봉착한 현대 문명과 스트레스 받는 지구 살리기』에서 "한

산림녹화에 성공할 수 있었던 것은 리기테다소나무와 은수원사시나무 같은 세계적인 신품종을 개발한 덕택도 있다. (대전시 유성구의 45년생 리기테다소나무림)

국은 세계적인 산림녹화의 모델이다. (중략) 우리도 지구를 다시 푸르게 만들 수 있다."고 적고 있다.[48]

그뿐만이 아니다. 한국은 10만km²의 좁은 국토면적에 5천만 명이 살고 있어 세계 9위의 높은 인구밀도(500명/km²)를 유지하고 있는 국가다. 이런 상황에서 땅이 절대적으로 부족하니 산림을 개발하여 농지나 대지로 활용하자는 압력이 높을 수밖에 없다. 그러나 이런 주장이나 유혹을 역대 정부는 모두 슬기롭게 극복하여, 지난 반세기 동안 산림면적이 67%에서 63.5%로 3.5%밖에 감소하지 않았다. 예를 들면 이승만 대통령은 어떤 각료가 산림을 개간하여 식량 생산을 늘리자는 제안을 단호하게 거절했다.

박정희 대통령은 그린벨트제도를 도입해 도시의 무분별한 개발과 확장을 억제하고, 토지가 상승을 막으면서 곁들여 도시 주변의 산림을 보호했다. 또한 수백 년 동안 만연하던 변방지역 산속의 화전을 모두 정리했다. 이와는 대조적으로 요즘 동남아시아의 많은 국가에서는 화전과 경제개발에 의해서 산림이 파괴되고 산림면적이 반 토막 나고 있다. 북한의 경우도 경사가 심한 야산을 개간하여 '다락밭'을 만들었다가 1990년대에 홍수로 인한 토사유출로 농경지에 큰 피해를 입었으며, 산림면적이 엄청나게 32% 감소했다. 우리 정부는 정말 현명한 산림보호정책을 폈다고 박수를 보낸다.

일본 후쿠다 다케오 전 총리는 김정렴(전 대통령비서실장) 씨가 박 대통령 서거 후 주일 한국대사로 있을 때 "한국 하면 일제 때부터 벌거벗은 산이 연상됐고, 한번 파괴된 산림은 복구가 곤란한데도 박 대통령이 20년 미만의 집권기간에 완전히 녹화에 성공한 것은 고도성장, 수출 증대, 중화학공업 등 혁혁한 경제발전보다 오히려 더 어렵고 값어치 있는 위업"이라며 박 대통령을 추모했다.[9]

:: 인간 박정희

박정희는 어떤 사람일까? 그는 공식석상에서 웃음과 말수가 적어 매우 냉정해 보였다. 언론에는 항상 근엄한 모습만이 보도되어 그의 인간적인 면에 대해서는 잘 알려져 있지 않다.[44] 그는 업무를 처리할 때에는 일의 핵심을 명확하게 짚어 깔끔하게 처리하는 스타일이었으며, 집무실, 책상, 그리고 주변이 항상 깨끗하게 잘 정돈되어 있는 것을 좋아하는 반듯한 성격을 가졌다.

당시 청와대를 출입하던 기자들은 국가정책에 대해서 대통령과 양보 없는 논쟁을 벌였지만, 저녁 시간에 자주 술자리를 함께 했다. 마음을 털어놓고 격 없는 대화를 나누면서 박 대통령은 기자들의 담뱃불을 직접 붙여주기도 했다.[44] 청와대에서 근무했던 참모와 직원들은 박정희의 인간다운 다른 면을 자주 접할 수 있었다고 한다. 직원들과 정다운 대화를 자주 나누었으며, 그들의 가정과 경조사를 챙기기도 했다. 김성진 청와대 대변인(후에 문공부장관)은 "그는 자기 말을 하기보다 남의 말을 듣기를 좋아하는 편이었으며, 시심詩心도 있고 인간미가 넘치는 훌륭한 남편이자 따뜻한 아버지였다. 가족들과 그림을 그리고, 피아노도 치며, 테니스와 배드민턴을 즐기던 좋은 아버지였다. 그러나 부인의 사후에는 고독의 그림자에서 벗어나지 못했다."고 적고 있다.[5]

박정희는 태생적으로 자연과 생물을 사랑하는 마음을 가지고 있었던 것 같다. 조갑제 씨는 "박 대통령이 산림녹화에 성공한 것은 의무감에서라기보다는 숲과 나무를 사랑한 결과일 것이다. (중략) 그의 일기에 낙엽, 꽃, 나무, 구름 등에 대한 감상적 표현들이 아주 많다. 작은 것에 대한 따뜻한 애정과 관심이 느껴진다. 그의 일기는 권력자의 일기가 아니라 초등학생의 일기처럼 순수하다."라고 기술하고 있다.[45] 박 대통령의 아들 박지만朴志晩 씨는 조갑제 씨와의 인터뷰에서 "아버지는 생명 있는 모든 것을 사랑하신 분이셨어요. 나무, 꽃, 강아지를 그렇게 좋아하실 수가 없었습니다. 그런 측면에서 아버지에 대해 쓴 글이 없더군요."라고 했다.[45]

박 대통령은 음악, 미술, 체육뿐만 아니라 문학에도 소질이 있었던 것으로 보인다. 그는 일기장에 가끔 시를 적어 남겼는데, 그의 시는 상당한 수준급으로 평가되고 있다. 자연을 노래하는 시가 대부분인데, 경남 진해 앞바다에 있는 저도에 가끔 휴가차 갔다가 남긴 시, 〈저도의 추억〉의 한 구절을 여기 소개한다.[43]

저도의 추억

온 종일 반복해도 지칠 줄 모르고
만고풍상 다 겪은 이끼 낀 노송은
해풍과 얼싸안고 흥겹게 휘청거리네.
지평선 저쪽에서 흰 구름 뭉게뭉게 솟아오르니
천봉만봉 현멸現滅 무상이로세.
밤하늘의 북두칠성은 언제나 천고의 신비를 간직하고
서산에 걸린 조각달은 밤이 깊어감을 알리노니
대자연의 조화는 무궁도 하여라.

박 대통령은 부인 육영수 여사에게 각별한 사랑을 가지고 있었던 것으로 보인다. 1974년 광복절 행사에서 문세광이 쏜 총탄에 맞아 영부인이 사망한 이후 일기장에 자주 부인에 대한 애모의 정을 적었다. 육 여사 서거 1주기를 맞아 1975년 8월 14일 국립묘지에 있는 아내의 묘소를 방문한 후 일기장에 남긴 애틋한 추모시는 운율에 맞게 작시되어 명작으로 꼽힌다.[43]

님이 고이 잠든 곳에

님이 고이 잠든 곳에 방초만 우거졌네.
백일홍이 방긋 웃고 매미소리 우지진데
그대는 내가 온 줄 아는지 모르는지.

무궁화도 백일홍도 제철이면 찾아오고

무심한 매미들도 여름이면 또 오는데
인생은 어찌하여 한 번 가면 못 오는고.

님이 잠든 무덤에는 방초만 우거지고
무궁화 백일홍도 제철 찾아 또 오는데
님은 어찌 한 번 가면 다시 올 줄 모르는고.

해와 달이 뜨고 지니 세월은 흘러가고
강물이 흘러가니 인생도 오고 가네
모든 것이 다 가는데 사랑만은 두고 가네.

박 대통령의 맏딸 박근혜朴槿惠 씨(2013년 제18대 대통령 취임)는 아버지가 청와대에서 물러난 뒤에는 아담한 산을 마련해서 나무를 가꾸면서 조용히 살았으면 하는 마음을 가지셨다고 전했다. 이 소망은 어머니가 더 강했다고 한다. 어머니가 조그만 산을 사서 나무를 가꾸며 살면 좋겠다고 했으나, 아버지와 여러 차례 이야기를 나누면서 땅을 사는 것에 대한 세간의 오해를 무척 염려했다고 한다.[7]

글라이스틴William Gleysteen 주한 미국대사는 1979년 카터Jimmy Carter 미국 대통령이 한국을 방문했을 때 대통령의 선거공약이었던 미군 철수계획을 철회하도록 설득한 인물인데, 대사를 그만둔 후에 "한시도 자신이 태어난 곳과 농민들을 잊어본 적이 없었던 토종 한국인"이라고 박 대통령을 평했다.[44]

1979년 10월 26일 박 대통령의 죽음으로 인해 그의 평소 생활철학을 짐작할 수 있는 일들이 여러 가지 알려졌다.[45] 10.26 시해 사건 직후 박 대통령은 인근 국군병원으로 옮겨졌는데, 그는 오래된 허름한 시계, 도금

독일가문비나무는 외국에서 도입한 수종 중에서 가장 성공적인 사례에 속한다. (35년생 조림지)

이 벗겨진 넥타이핀, 낡은 혁대를 차고 있었으며, 수선한 바지를 입고 있었다. 그 이후 박 대통령 침실 옆 욕실 변기 물통 속에는 대통령이 아무도 모르게 넣어둔 빨간 벽돌 한 장이 발견되었다. 1층 집무실 대통령 전용 화장실에서도 똑같은 벽돌이 발견되었다. 물을 절약하기 위해서였다.

전기를 아끼기 위해 여름철에 에어컨을 틀지 않고 창문을 열어놓으니 파리가 있어 박 대통령이 파리채로 잡아야 했다.[8] 외국 귀빈이 방문할 때에는 냉방기를 가동시켰다. 하루는 너무 더워 비서관들이 에어컨은 틀지 않고 대신 공기만 순환시켰다. 박 대통령은 그날 저녁식사를 하면서 박근혜 양에게 "그자들이 에어컨을 틀었더군. 갑자기 시원해지던데 내가 모를 줄 알고? 앞으로는 절대 틀지 말라고 해."라고 말했다.

박정희는 그의 저서에서 "가난은 본인의 스승이자 은인이다."라고 적고 있다.[14] 그만큼 박정희와 부인은 청렴과 근검절약이 몸에 배어있었다. 1950년대 장군 시절에는 부인이 서울에서 셋방살이를 하면서 당장 내일 먹을 쌀이 떨어진 것을 박 장군의 운전병이 발견하여 군단장에게 보고하기도 했다.[44] 보리를 섞어 먹는 절미節米운동은 청와대에서 앞장섰으며, 청와대의 아침 식단은 찌개와 멸치볶음 등 대여섯 가지 밑반찬이 전부였다. 영부인은 자녀들이 국산 학용품과 장난감만 접하도록 교육했으며, 시내버스를 타고 등교하도록 했다. 1974년 한복 차림의 영부인이 총탄에 맞아 서울대학교병원에 실려 갔을 때 허름한 속치마를 기워 입

박 대통령은 국토녹화가 완성된 것을 확인하지 못하고 1979년 서거했다. 대신 노태우 대통령이 이를 기념하여 친필(국토녹화기념)로 남겼다. (1992. 4. 5. 광릉 국립수목원 뜰)

은 것을 발견한 간호사가 눈물을 흘렸다는 일화도 있다.[44]

「월간 조선」의 배진성 기자는 "대통령이 된 후에도 그는 자기 자신을 위한 일체의 이익이나 명예를 추구 하지 않고, 국가의 이익을 위해 헌신하는 모습을 보여주었다. 그리고 이러한 모습은 박 대통령을 모시고 일했던 사람들(김정렴 전 대통령 비서실장 포함)이 "훌륭한 대통령을 만나 원 없이 일할 수 있었던 것은 사내로 태어나 가장 큰 보람이었다."고 말할 정도로 부하들의 헌신을 이끌어내는 동인 가운데 하나가 되었다."고 기술하고 있다.[21]

:: 20세기의 기적: 대한민국

2005년 8월 15일, 광복 60주년을 맞아 언론 및 각종 단체들이 역사적 인물에 대한 다양한 설문조사 결과를 발표했다(박정희 대통령 기념사업회 회보5호).[15] 이에 의하면 모든 면에서 박 대통령은 다른 정치가들을 압도했다. 더구나 1위와 2위 간에 엄청난 차이가 눈에 띄었다.

〈한국일보〉
• 가장 영향력 있는 정치인
1위 박정희(71.9%), 2위 김대중(26.5%), 3위 전두환(11.0%)

- 가장 일을 잘한 대통령

  1위 박정희(72.4%), 2위 김대중(18.4%), 3위 전두환(1.6%)

〈KBS〉

- 역대 가장 훌륭한 대통령

  1위 박정희(55.2%), 2위 김대중(17.2%), 3위 이승만(2.5%)

〈인터넷 옥션(주: auction, 경매)〉

- 친필이 가장 비싸게 팔릴 것 같은 대통령

  1위 박정희(56%), 2위 이승만(24%), 3위 김대중(16%)

대학생 인터넷신문 〈투유〉

- 역사상 가장 뛰어난 대통령

  1위 박정희(46.7%), 2위 김대중(20.5%), 3위 노무현(4.2%)

　2015년 한국갤럽의 광복 70주년 기념 여론조사에서 나라를 잘 이끈 대통령에 박정희가 44%로 단연 1위를 차지했다.

　한국의 근대사를 지켜본 한 외국기자는 "한국은 그냥 발전한 게 아니라 로켓처럼 치솟았다."고 했다. 세계 경영학의 대부로 우리나라에도 잘 알려진 드러커Peter F. Drucker, 1909~2005는 "제2차 세계대전 이후 인류가 이룩한 성과 중 가장 놀라운 것은 바로 사우스 코리아라고 말하고 싶다."고 말했다.[7]

　2010년 8월 미국의 주간잡지 「뉴스위크」는 세계에서 가장 우수한 국가best countries의 순위를 발표했다. 교육, 건강, 생활환경, 경제적 잠재력, 정치적 안정성 등을 고려하였는데, 1위는 핀란드, 2위는 스위스, 3위는 스웨덴이었으며 한국은 15위를 기록했다. 동양에서는 일본(9위)과 한국만이 상위 그룹에 속했다. UNDP(유엔개발계획)은 인간개발지수HDI를 근거로 세계의 국가 순위를 발표하고 있다. HDI는 기대수명, 교육, 소득의 복합통계로 작성된다. 2011년 UNDP의 〈인간개발 보고서〉에 의하면 노르웨이가 1위, 그리고 한국은 15위였다. 그만큼 한국은 이제 경제, 무역 규모, 그리고 삶의 질에서 선진국에 버금가는 위치에 와 있음을 알 수 있다. 누가 그 기초를 세웠는가? 필자는 박 대통령이 시대를 앞서가는 혜안을 가지고 국민을 독려했기 때문이라고 믿는다.

박 대통령에 대한 공과를 얘기하다 보면 꼭 떠오르는 말이 있다. 그의 '밀어붙이기'다. 사실상 박정희는 18년간의 집권기간 동안 셀 수도 없을 만큼 자주 구두와 친필로 지시를 내렸다. 물론 일방적인 지시다. 그러나 대전 정부기록보관소에 있는 '의명依命 지시서'를 보면 박 대통령은 단 한 번도 '개혁'이라는 단어를 쓰지 않았다. 즉 말은 작게 하고, 행동은 크게 한 통치 원리라고 할 수 있다. 그런 말을 쓰지 않고도 역사상 큰 개혁과 진보를 이룩한 것이다.[45]

박 대통령이 만사를 밀어붙이는 이유도 분명하다. 1969년 11월 25일, 1970년도 예산안 제출을 위한 시정연설에서 "남이 쉴 때 일하고, 남이

집권기간 내 수출목표 100억 달러 조기 달성은 농촌의 소득증대를 가져와 임산 연료 대체 등으로 산림녹화에도 간접적인 도움이 되었다. (1977. 12. 22. 서울시 광화문)

걸을 때 달려야 한다."고 했다. 박 대통령의 앞서가는 생각과 '빨리빨리'
는 지금과 같이 속도감이 있는 정보화시대에 매우 걸맞은 생각이었다.
당시 다른 국가들이 경쟁의 대열에 끼기 전에 우리가 경제개발과 기술향
상을 서둘지 않았더라면 요즘과 같은 치열한 국제경쟁에서 후발국가인
우리가 중국이나 다른 동남아 국가들을 이길 수 없었으리라고 판단된다.

산림녹화도 그렇다. 당시에 서둘러 밀어붙이지 않았다면 요즘의 노동
조건이나 경제 여건으로는 도저히 불가능한 사업이라고 생각한다. 서둘
렀지만 박 대통령은 산림녹화를 완성했다. 금수강산을 되찾은 것이다.
특히 세월이 지날수록, 산림녹화에 최우선 순위를 두고 조기에 착수한
결단력이 돋보인다. 너무 서두르다 보니 좀 더 쓸모 있는 경제림으로 만
들지 못했다는 지적이 있으나, 지금 되돌아보면 그의 결정이 적절했다
고 판단된다. 1977년 봄 기자 간담회에서 박 대통령은 "나는 당대의 인
기를 얻기 위하여 일하지 않았고, 후세 사가들이 어떻게 기록할 것인가
를 항상 염두에 두고 일해 왔다."고 했다.[15]

역사는 오늘의 잣대로 측정하는 것이 아니라고 한다. 살벌한 유신체
제하에서 강압적으로 산림녹화를 밀어붙이기는 했지만, 청빈한 생활신
조로 일관하면서 사심을 버리고 금수강산을 되찾기 위한 '선량한 독재
자'의 역할을 해낸 것이다.

:: '녹색성장'의 발판을 마련하다

박 대통령이 서거한 지 금년으로 43년이 지났으며, 그동안 우리 사회는
많이 변했다. 요즘 농촌인구의 감소와 고령화, 비싼 인건비, 참여의식이
나 협동정신의 결여 등으로 인하여 지금은 조림사업을 확대할 수 없는

상황이 되었다. 또한 산림의 환경보호 기능만을 강조하는 최근 국민정서로 인하여 대규모 벌채와 수종 갱신이 어려워지고 있다. 따라서 당시 풍부하고 값싼 노동력과 배고픔을 극복하기 위한 농민들의 적극적인 호응이 있었을 때 산림녹화를 조기에 완성하지 않았더라면, 한국은 영구히 산림황폐를 극복하지 못했을지도 모른다는 견해가 설득력을 갖는다. 더구나 박 대통령이 치산녹화 10개년계획을 6년 만에 앞당겨 완성해 놓고, 그 이듬해 서거한 것을 감안할 때, 조기완성이 되지 않았더라면 치산녹화는 제대로 마무리되지 못했을 가능성도 크다.

물론 과오도 있다. 박 대통령의 산림녹화에 관한 일방적인 드라이브와 강한 산림보호 의식으로 인해 다음과 같은 두 가지 역기능 현상이 생긴 것이다. 즉 산림녹화는 국가사업이므로 이해관계가 없는 나는 관여하지 않아도 잘 진행된다는 생각이다. 그리고 심는 것은 사회선이고 베는 것은 사회악이라는 통념 때문에 내 산에 내가 나무를 심어도 내 마음대로 벨 수 없다. 따라서 국민들 사이에 산림투자를 기피하는 분위기가 생기게 되었다.

쓸모없는 나무만 골라 심었다는 비판이 있는 것도 사실이다. 여기 이를 반박하는 필자의 학문적 견해를 밝힌다. 지구상에 쓸모없는 나무란 없다. 나름대로 생태계에서 독특한 역할을 하고 있는 것을 인간의 이기심으로 판단하기 때문에 생긴 말이다. 이태리포플러는 농사를 지을 수 없는 하천부지에 마을사람들이 공동으로 심었다. 속성수이므로 조기 녹화에 크게 보탬이 되었다. 15년 만에 수확하여 마을의 발전에 크게 기여하였으며, 포플러 장학금을 만들어 모범학생에게 상급학교에 진학하는 길을 열어줌으로써 이미 제구실을 다했다고 본다.

아까시나무는 공기 중의 질소를 비료성분으로 바꾸어주므로 황폐한 땅에는 절대적으로 필요한 '비료목'이다. 간과해서는 안 될 중요한 기능

우거진 숲은 풍요로운 농촌의 필요충분조건이다.

중의 하나는 아까시나무가 연료로 요긴하게 쓰여서 당시 농촌에 부족했던 연료문제를 해결해주었다는 점이다. 예전에는 잎을 녹사료로, 그리고 목재를 우마차 상판용으로 썼다. 요즘에는 숲가꾸기사업에서 나온 목재 중에서 가장 단단하고 잘 부패하지 않아서 유일하게 등산로 변의 벤치(통나무를 길게 쪼갠 등받이 없는 의자)로 널리 쓰이며, 어린이 놀이터에서 방부처리하지 않은 유일한 공작물로 이용되고 있다. 또 양봉가들이 수입의 70%를 의존하는 '아카시아 꿀'을 생산하는 밀원식물이다. 그 꿀벌들이 전국의 과수원과 비닐하우스의 과일을 수정시키고 있다. 결국 아까시나무가 딸기농사를 가능하게 하는 셈이다. 황폐한 북한의 산림을 빨리 녹화하려면 우리가 했던 것처럼 아까시나무를 심어 뒷산 다락밭에서 토사 유출을 방지하고, 연료를 해결하고, 토양을 비옥하게 하면서 식량(꿀)도 해결하는 수밖에는 다른 대안이 없다.

오리나무류는 비료목으로 토양을 비옥하게 하여 지금과 같이 우거진 숲으로 유도하는 기초를 만들었다. 예전에 연료를 생산했으며, 요즘 목기 중에서 제기(祭器)로 쓰여서 인기가 매우 크다. 리기다소나무는 한국과 같이 척박한 산림 토양에서 잘 자라서 사방용으로, 그리고 밑에서 움이 잘 돋아 연료림 조성으로 심었다. 최근 토목용으로 쓰이는데, 하천을 복원할 때 하안 고정과 사방사업에서 토사 안정에 없어서 못 쓸 정도로 인기가 크며, 가구 제작에 널리 쓰이는 중질섬유판(MDF)의 원료로도 쓰인다. 은수원사시나무(현사시)는 가로수로서 매우 훌륭했으며, 산의 경사가 심해

수분과 양분이 부족한 토양에 조림할 수 있는 유일한 '산지용 포플러'이며, 껍질이 흰색이라서 풍치를 더해 준다. 생활력이 강해서 요즘은 축사 근처에 토양오염이 심한 곳에 환경정화수로 심고 있다.

이렇듯 당시 심은 나무들은 제 역할을 충분히 수행한 셈이며, 당시 척박한 토양환경에서 조림수종으로는 더 좋은 것들을 찾을 수 없었다고 판단된다. 위의 수종들이 반 세기 동안 토양을 꾸준히 개량해준 덕분에 이제 우리는 경제성이 있는 수종을 심을 수 있게 되었다. 이처럼 200년 이상 수탈당한 산림토양을 비옥하게 재생시키는 데는 시간이 걸린다.

그동안의 경제발전에 힘입어 2009년 11월 25일, 우리나라는 OECD (경제협력개발기구) 산하 개발원조위원회DAC에 24번째 회원국으로 가입했다. 외국 언론에서는 "원조받던 나라에서 원조하는 나라로 탈바꿈한 것은 한국이 유일하다."면서 의미를 부여했다. 한국 정부는 1991년 한국국제협력단KOICA을 설립하여 여러 방면에서 개발도상국을 돕고 있다.

산림분야는 1998년 미얀마를 시작으로 현재 24개국에 지원 중이다. 미얀마 중부건조지역 산림녹화사업, 중국 서부지역 조림과 쿠부치사막 조림사업, 몽골 그린벨트 조림사업, 인도네시아 망그로브 복원조림사업, 그리고 라오스 등 동아시아 지역의 사막화 방지사업에도 적극 참여하고 있다. 위와 같은 국제협력을 바탕으로 2009년 한국 정부는 한·아세안 특별정상회의에서 아시아산림협력기구AFoCO의 발족을 제안했으며, 2012년 사무실을 서울에 유치하여 이 사업을 주도하고 있다. 이로써 기후변화에 대응한 아시아 지역의 사막화 방지와 산림생태계 복원에 한국이 앞장서고 있다.[53]

박 대통령은 서거했지만, 우리 경제는 약진을 거듭했다. 1977년 말 총 수출액이 100억 달러를 초과했고, 1979년 1인당 GNP는 1,644달러였다. 그리고 서거 후 반반세기 25년이 지난 2004년도 총 수출액은

정부는 박정희 대통령 기념도서관을 2012년 2월에 서울시 마포구 상암동에 건립하여 그 공적을 기리고 있다. 전시 내용 중 산림녹화 공적도 강조되고 있다.

2,500억 달러로 신장했으며, 이 중에서 중화학공업 제품이 점유하는 비율이 2,080억 달러였다. 2010년에는 드디어 수출액이 5천억 달러를 초과했다. 이제는 무역규모가 1조 달러를 넘어서 10대 무역대국으로 발돋움했다. 2009년 기준으로 삼성전자는 1,170억 달러의 매출을 올려 전자분야 세계 1위 기업이 되었다. 현대자동차는 2009년 기준으로 25억 달러의 순이익을 달성하여 미국 포드자동차의 23억 달러를 제치고 자동차 업계에서 최고의 순이익을 기록했다. 결국 2021년 유엔무역개발회의(UNCTAD)는 한국이 선진국이라고 선언했다. 박 대통령이 추진했던 중화학공업 육성이 우리 경제에 미치는 영향이 얼마나 큰지를 실감하게 한다. 박 대통령의 선견지명과 국토녹화 달성에 힘입어 이명박李明博 대통령은 2008년 '녹색성장'을 전 세계에 천명했다. 이러한 녹색성장의 기초는 우리 임업인들이 만들었다고 자부하고 있다. 이명박 정부는 박 대통령의 업적을 기리기 위해 2012년 최초로 서울시 마포구 상암동(월드컵로 386)에 '박정희대통령기념도서관'을 건립했다. 우여곡절 끝에 박정희 대

통령 서거 후 33년 만의 일이다.

: : '숲의 명예전당'에 모셔지다

앞서 소개한 대로 미국 지구정책연구소의 브라운Lester Brown 소장은 2006년 '한국의 산림녹화는 세계의 모델'이라고 했다.[48] 또한 1982년 유엔 FAO는 한국이 제2차 세계대전 이후 산림녹화에 성공한 유일한 개발도상국이라고 칭찬했다.[49] 필자가 보기에도 이 선언이 지금까지 유효하다고 할 만큼 개발도상국의 산림녹화는 경제발전보다 더 어려운 과제임에 틀림없다. 한국은 경제발전과 산림녹화의 두 분야 모두에서 다른 국가들의 모범이 되고 있는 것이다. 대신 민주화가 뒤졌다는 평도 있다. 그러나 소득이 낮은 대부분의 개발도상국에서 민주화가 잘 이행되지 않고 있는 현실에서, 한국은 탄탄한 경제 발판을 먼저 마련하고 이에 걸맞게 국민성이 성숙하면서 민주화도 꽃을 피우고 있다고 믿는다.

2001년 4월 5일 제56회 식목일 행사는 박정희 대통령 서거 후 22번째 행사였다. 이날 평소 볼 수 없었던 행사가 한 가지 있었다. 정부는 산림녹화에 크게 공헌한 이들을 기리고자 경기도 광릉 산림박물관 옆에 '숲의 명예전당'을 만들었다. 여기에 박정희 대통령을 현신규 박사와 함께 모셔서 이 분들이 산림녹화에 기여한 바를 역사에 남겼다. 정말로 박 대통령은 경제발전뿐만 아니라 산림녹화에도 엄청난 에너지를 쏟았다. 그의 산림녹화에 대한 지속적인 관심은 각료회의, 경제장관회의, 지방장관회의, 지방시찰 시에 끊임없는 지시로 표출되었다. 그의 끊임없는 독려가 없었더라면 한국의 산림녹화는 아직도 완성되지 못했을 지도 모른다.

2001년 4월 5일 산림청은 산림녹화 공적을 인정하여 박 대통령을 '숲의 명예전당'에 모셨다. (경기도 광릉국립수목원 뜰)

박정희 대통령은 62세의 나이로 서거했으나, 그의 이름은 우리 역사에 길이 남을 것이다. 일부 국민들이 그를 독재자獨裁者라고 칭하고 있다. 유신 헌법을 만들어 18년 동안 나라를 통치했으며 일부 국민에게 고통을 주었으니 가능한 표현이라고 생각한다. 세계 역사에서 독재자는 상당히 많다. 이 중에는 부정한 통치수단으로 무고한 인민을 대량으로 학살하고, 사욕을 챙기고, 나라를 빈곤에 빠뜨린 독재자가 대부분이다. 그들은 '나쁜 독재자'다.

그러나 그렇지 않은 경우도 있다. 2015년 3월, 91세의 나이로 서거한 리콴유李光曜 수상은 싱가포르에서 31년간(1959-1990) 지독한 독재정치를 했지만, 부정부패를 일소하고 국민소득 5만 달러가 넘는 아시아의 선진국으로 만들어놓아 모든 국민의 추앙을 받고 있다. 그가 50년간 살다가 서거한 집은 당장 무너질 정도로 허름했다고 한다.

박정희 대통령도 이와 흡사하다. 박정희는 우리나라를 고난과 가난에서 구해 낸 '좋은 독재자' 혹은 '청렴한 독재자'이었으며, 국민과 농민을 온 몸으로 사랑했던 순박한 애국자였다. 그는 역사에 길이 남을 위대한 공적을 세운 반면에 적은 과오를 남겼다. 공과功過를 비교할 때 그는 '위대한 통치자'였다고 필자는 말하고 싶다. 매우 늦은 감이 있으나, 이제 박정희에 대한 역사적 평가를 다시 시작할 때가 되었다. 20세기의 기적이라고 일컫는 한국의 경제발전과 국토녹화의 쌍두마차를 이끈 '청렴한 독재자'는 '위대한 혁명가革命家'로 추앙받아 마땅하기 때문이다.

미완성 교향곡

우거진 숲은 국부國富 그 자체요, 선진국으로 가는 길이다. 지구상에서 살기 좋은 나라들은 예외 없이 울창한 숲을 가지고 있으며, 숲을 사랑하는 만큼 그들의 국민성도 본받을 만하다. 박정희 대통령은 '나무대통령'이라는 별명을 얻을 만큼 나무와 숲에 관심이 많았으며,[32] 집권 기간 동안 산림녹화를 완성함으로써 후에 세계적으로 20세기 개발도상국의 기적이라는 칭찬을 받았다. 아름답고 풍요로운 삶의 터전을 마련해주고, 복지국가로 가는 길을 열어준 셈이다.

그는 국토녹화를 크게 2단계로 나누었다. 제1단계는 토사를 쏟아내어 홍수피해를 심화시키는 민둥산을 없애고, 동시에 농촌의 연료문제도 해결하자는 데 초점을 맞추었다. 1960년대에 들어설 때까지만 해도 전국 대부분의 가구는 취사와 난방 재료로 나무 아니면 숯을 사용했다. 그는 연료 공급을 위해 아무 곳에서나 빨리, 잘 자라는 속성수를 우선적으로 심었고, 또 토양을 개량하는 비료목을 심어 황폐한 땅을 서둘러 녹화시켰다.

당시 속성수에 대한 반대도 적지 않았지만, 임학을 전공한 필자는 박 대통령의 결정이 옳았다고 본다. 당시의 '조기완성' 녹화정책으로 1973년 '제1차 치산녹화 10개년계획'을 세워 시급한 연료문제를 해결했고, 척박한 땅을 개량하여 더 좋은 수종을 심을 수 있는 토양을 마련했다. 물론 사방사업과 화전정리사업도 성공했다. 이를 게을리한 북한은 지금도 가뭄, 홍수, 산사태로 인한 논밭의 매몰 피해에 대해 속수무책으로 당하기만 하고 있다. 반대로 남한은 산지를 온전히 보존하고, 안정된 물 공급으로 쌀의 자급자족을 달성하고, 아름다운 금수강산을 되찾게 되었다.

박 대통령의 제2단계는 경제수종으로의 전환이었다. '제2차 치산녹화 10개년계획'으로 대표되는 2단계 국토녹화는 1979년에 시작되었는데, 산지 이용 장기계획, 경제림 조성, 향토수종 개발, 해외산림자원 개발 등이 포함되어 있었다. 그러나 박 대통령은 그해 10월 26일에 타계하고 말았다. 그는 미완성 교향곡을 남긴 것이다.

요즘 경제성이 없는 나무를 베어내고 수종 갱신을 하려는 산림청의 의도가 저항에 부딪치고 있다. 과거 헐벗은 시절에 산림보호를 너무 강조한 때문인지 숲이 우거진 후 산림에 대한 국민의 잘못된 시각 때문이다. 나무를 베는 것은 무조건 나쁘고 환경을 파괴하는 행위라는 인식이 국민들 사이에 팽배해 있는 것이다. 모든 국민이 목재, 종이, 휴지를 '물 쓰듯' 소비하면서도 숲의 환경보존 기능만을 강조하고 있으니 도무지 이치에 맞지 않는다.

현재 우리나라 산림자원이 환경자원과 복지자원인 것은 분명하다. 그러나 환경자원으로 끝나서는 안 된다. 이제는 산림자원을 '경제성 있는 지상자원'으로 변환시켜야 할 시점이다. 우선 산의 토양이 충분히 개량되어 경제림 조성 여건이 만들어지고 있다는 점과, 둘째로는 목재의 수입 의존도가 너무 높다는 사실이 그 이유다. 국내의 목재 사정은 매우 나쁘다. 현재 필요한 목재의 84% 가량을 수입에 의존하고 있으며, 목재자급의 전망도 별로 좋지 않다.

우리는 앞으로 다가올 세계적인 목재 부족현상에 대비해서 선진국처럼 필요한 목재를 인공조림지에 예비해 놓아야 한다. 정부는 1960년부터 2010년까지 통계상으로 총 461만ha에 조림했다. 그러나 조림 후 제대로 가꾸지 못해 실패한 조림지와 중복 조림지가 상당히 많은 편이다. 2010년 현재 남아 있는 인공조림지는 총 171만ha밖에 되지 않아서 총 산림면적의 27%에 불과하다. 이 중에서 곧게 자라는 낙엽송이 79만3천ha로서 전체 조림면적의 17.2%를 차지하고, 잣나무는 44만4천ha로서 9.6%를, 그리고 목재가치가 큰 편백과 삼나무 조림지는 각각 15만3천ha(3.3%)와 10만7천ha(2.3%)에 이른다.[17] 산림청이 최근 매년 2만ha 정도를 조림해나가고 있지만, 이 규모는 박 대통령 시절의 1/8 정도밖에 안되어 신규 조림면적이 상당히 축소되었다. 대신 일자리 창출 차원에서 천연림을 대상으로 '숲가꾸기사업'을 시행하고 있다. 연간 30만~40만ha 규모이니까 작은 면적은 아니나, 과거에 쇠퇴했던 천연림이어서 곧게 자라는 나무가 적어 목재 가치가 떨어진다.

미완성 교향곡을 완성하기 위해 한국은 앞으로 어떤 산림정책을 펴야할까? 답은 산림의 경제자원화다. 지하자원이 없고 에너지가 부족한 우리로써는 지상자원과 지상에너지라도 충분히 확보해야 국제경쟁에서 살아남을 수 있다. 이를 위해서는 우선 방치되어 있는 사유림을 정부가 점차적으로 매입하거나 경영권을 위탁받아 집중적으로 관리해야 한다. 요즘 늘어나고 있는 산간 폐농지도 적극적으로 조림해야 한다. 그리고 국토의 효율적 이용을 위해서 산에 풍력과 태양열 발전소를 건립하고,

손수익 산림청장(우측)이 농촌연료 대책을 박 대통령(좌측)에게 설명하고 있다. 김현옥 내무부장관(중앙)이 함께 했다(1973. 11). 농촌 연료 해결은 산림녹화의 전제조건이다.

버려진 땅을 찾아 광합성을 많이 하면서 생장이 빠른 수종을 심어 지구 온난화를 방지하고 목재자원도 동시에 육성하는 방향으로 가야 한다.

화석연료는 공기 중 이산화탄소의 농도를 높이는 반면, 나무 조각으로 만든 우드펠렛wood pellet은 이산화탄소를 순환시키는 바이오에너지(바이오연료)이므로 지구온난화를 유발하지 않는 '탄소중립'에너지다. 한국은 최근 캐나다에서 열효율이 높은 우드펠렛을 수입하여 화력발전소를 가동하고 있다. 국내의 폐농지, 공한지, 고수부지, 자투리땅에 적극적으로 조림하여 선진국들이 하고 있는 것처럼 화석연료의 일부를 목재로 대체해야 한다. 포플러, 버드나무, 아까시나무 등의 속성수를 활용할 수 있는데, 이 중에서 포플러의 가능성이 가장 높다. 중국이 시도하고 있는 것처럼 내염성과 내건성을 함께 갖춘 포플러 품종을 개발하여 전국의 해안선을 따라서 넓은 벨트 식으로 조림한다면, 방풍, 쓰나미와 모래 이동

방지, 바이오에너지 생산을 동시에 만족시킬 수 있다. 이렇게 바이오에너지를 자체 생산하고 가공하면 이와 관련된 임업이 활성화되면서 대규모 고용창출 효과를 가져올 수 있다.

또한 임업선진국들이 하고 있는 것처럼 조림사업을 통해 생산성이 낮은 천연림을 생산성이 높은 인공림으로 꾸준하게 바꿔야 하며, 이때 육종된 개량종자를 이용해야 한다. 이에 걸맞은 수종들은 이미 확보되어 있다. 백합나무는 최근에 그 우수성이 입증된 도입수종이면서 속성수이다. 남쪽지방에는 삼나무와 편백, 그리고 북쪽에는 잣나무와 낙엽송 등이 소위 '생산성이 높고 목재 가치가 큰 수종들'이다. 참나무류와 소나무는 생장이 느린 편이지만 전국에서 자라고 있는 향토수종이므로 앞으로 더 개량하여 심을 필요가 있다.

아까시나무는 국내에서는 육종된 품종이 없어 목재가치가 적지만, 유럽의 헝가리는 200년 동안의 육종을 통해서 직립성 품종shipmast을 개발한 후 밀식 재배하여 엄청난 양의 우수한 목재와 꿀을 동시에 생산하고 있다. 유럽연합EU은 뒤늦게 아까시나무의 우수성을 발견하고 지구온난화에 대비한 수종이라면서 조림 시 보조금을 주고 있다. 국내에서도 아까시나무를 바이오연료와 목재를 위해 밀식재배해볼 필요가 있으며, 북한의 황폐한 산림의 조기녹화에 활용해야 한다.

우리는 21세기를 맞아 숲의 다양한 기능을 극대화해야 한다. 즉 미래의 우리 숲은 목재 및 부산물 생산과 바이오에너지 공급(경제적 기능), 국토 보존, 맑은 물 공급, 공기 정화와 지구온난화 방지(환경적 기능), 생물 다양성 보존과 야생동물 보호(생태적 기능), 산림 휴양과 숲 치유(보건휴양적 기능) 등의 기능을 동시에 만족시켜야 한다. 지역별로 산림의 기능을 구분하여 관리 목적을 확실하게 차별화한 다음 일관성 있게 장기적인 산림정책을 펴 나가야 한다. 이것이 바로 미완성을 완성으로 탈바꿈시키는 길이며, 국민

적 공감대만 형성된다면 그리 어려운 일도 아니다.

미래 임업을 위해서는 현재 여러 아이디어가 제시되어 있다. 정부가 직접 이런 산림경영의 주체가 될 수도 있겠지만, 시장원리에 따라 기업이 경영하게 하면 효율성을 더 높일 수 있다. 소규모 개인 소유의 산지를 소유구조는 그대로 둔 채 경영권만 통합하여 대단지화할 수 있다면 경제성 있는 산업으로 발돋움도 가능할 것이다.

박 대통령은 우리에게 경제발전의 기초와 치산치수治山治水 완성이라는 훌륭한 선물을 주었다. 그 덕분에 지금의 우리는 굶주림에서 벗어났음은 물론 금수강산錦繡江山을 되찾아 아름다운 자연환경까지 누리게 되었으며, 이명박 대통령은 2008년 정부수립 60주년을 맞아 '녹색성장'을 세계에 천명하는 발판을 만들어 주었다. 그 이후 정부는 2050년 탄소중립을 목표로 신규 조림과 새로운 방향의 산림경영을 시도하고 있다.

그러나 우리가 이것으로 만족해서는 안 된다. 이대로 안주하면 지하자원도 지상자원도 없는 우리 후손들은 대를 이어 에너지 부족과 이로

한국은 제2차 세계대전 이후 독립한 100여 개의 약소국가 중에서 경제발전, 민주화, 국토녹화를 모두 달성한 유일한 개발도상국으로 2021년부터 공식적으로 선진국으로 분류되고 있다. 박정희 대통령은 18년 동안 집권하여 독재자라는 평을 받기도 하지만, 세계 최빈국에서 기적에 가까운 경제발전과 전 국토가 황폐한 상태에서 '산림녹화'를 이끌었던 위대한 지도자임에는 틀림이 없다. 필자가 2019년 4월 20일 '박정희대통령기념관'을 찾아 그의 업적을 기렸다.

인한 위기를 극복할 수 없을 것이며, 평생 땀 흘려 무엇인가 만들어 수출하고 그 돈으로 원유에 목재까지 수입하는 고된 삶을 반복하게 될 것이다. 그렇다면 우리가 후손에게 지혜로운 조상으로 평가받는 길은 무엇일까? 그것은 바로 현재의 아름다운 숲을 아름다우면서도 풍성한 지상자원으로 가꾸어 선진국과 같이 산림에서 국부國富를 창출하는 일이다. 그렇게 하기 위해 우리는 대국민 교육을 통해 산림의 중요성과 숲의 경제적 가치를 널리 홍보하는 데 앞장서고, 정부는 장기적 비전을 갖고 산림에 꾸준하게 투자해야 할 것이다.

인용문헌

1. 강원도. 1976. 『화전정리사』. 312쪽.

2. 경상북도. 1999. 『경북사방100년사』. 1004쪽.

3. 고병우. 2006. '가난했던 대한민국사의 전환점: 농특사업에서 새마을운동 선포까지' 「박정희대통령기념사업회 회보」 9호.

4. 김두영. 1990. '가까이에서 본 인간 박정희' 「월간조선」 12월호. 424–447쪽.

5. 김성진. 2006. 『박정희를 말하다』. 삶과꿈. 308쪽.

6. 김연표. 1999. '농정 반세기 증언; 산림청의 내무부 이관과 환원' 「한국농정50년사」 제3권. 415–431. 한국농촌경제연구원.

7. 김인만. 2008. 『박정희 일화에서 신화까지』. 서림문화사. 334쪽.

8. 김정렴. 1997. 『아 박정희』. 중앙M&B. 367쪽.

9. 김정렴. 2006. 『최빈국에서 선진국 문턱까지』. 랜덤하우스코리아. 557쪽.

10. 김형국. 2009. '박정희대통령의 치산녹화' 「박정희대통령기념사업회 회보」 19호.

11. 내무부. 1980. 『새마을운동10년사』.

12. 류태영. 2005. '박정희 대통령과 리더쉽' 「박정희대통령기념사업회 회보」 3호.

13. 박인재. 2002. '서울시 도시공원의 변천에 관한 연구' 상명대학교 대학원 박사학위 논문.

14. 박정희. 1963. 『국가와 혁명과 나』. 향문사. 293쪽

15. 박정희대통령 기념사업회. 2010. 인터넷 홈페이지 〈대통령 박정희〉(http://516.co.kr) 전문자료실.

16. 박진환. 2005. 『한국 경제 근대화와 새마을운동』. 박정희대통령기념사업회. 256쪽.

17. 배상원. 2013. 『산림녹화』〈한국현대사 교양총서〉 05. 대한민국역사박물관. 230쪽.

18. 배영복. 2014. 『전쟁과 역사: 6.25를 알면 통일이 보인다』. 거목문화사. 540쪽.

19. 배재수, 주린원, 이기봉. 2010.『한국의 산림녹화 성공 요인』〈연구신서〉 제37호. 국립산림과학원. 150쪽.

20. 배정한. 2003. '박정희의 조경관'「한국조경학회지」 31권 4호. 13-24쪽.

21. 배진성. 2003. '위대한 CEO 박정희의 특명 육성 친필 문서철 발굴'「월간조선」 6월호.

22. 배청. 2006. '국제 비교를 통해 본 박 대통령의 그린벨트 정책'「박정희대통령기념사업회 회보」 8호.

23. 산림청. 1980.『화전정리사』. 607쪽.

24. 산림청. 1989.『산림행정20년발자취』. 934쪽.

25. 산림청. 1989.『황폐지복구사』. 855쪽.

26. 산림청. 1996.『한국임정50년사』. 1009쪽.

27. 산림청. 2007.『대한민국 산: 세계는 기적이라 부른다』. 임업신문사 엮음. 992쪽.

28. 산림청. 2007.『한국사방100년사 1907-2007』. 838쪽.

29. 산림청 조림과. 1974. '74검목 결과'.「산림」 1974년 10월호. 산림조합중앙회.

30. 손수익. 2006. '세계 임정사에 큰 획을 그은 박 대통령의 집념. 박정희대통령과 국토녹화'「박정희대통령기념사업회 회보」 7호.

31. 안승환. 1974. '대통령각하 하사 포플러조림지 현황과 사후관리 요령'「산림」 1974년 12월호. 산림조합중앙회.

32. 송효빈. 1977.『가까이서 본 박정희 대통령』. 휘문출판사. 363쪽.

33. 오원철. 2006.『박정희는 어떻게 경제강국 만들었나』. 동서문화사. 672쪽.

34. 오휘영. 2000. '우리나라 근대 조경 태동기의 숨은 이야기 1-5'「환경과조경」141호-145호.

35. 이건영. 1996.『패자의 승리』. 진명문화사. 410쪽.

36. 이경준. 2006.『산에 미래를 심다(현신규 박사 전기)』. 서울대학교출판부. 321쪽.

37. 이경준. 2010.『민둥산을 금수강산으로』. 기파랑. 361쪽.

38. 이종범. 1994.『전환시대의 행정가: 한국형 지도자론』. 나남출판, 367쪽.

39. 임일재. 2007. '그 세월의 회고 치산치수 위업'「박정희대통령기념사업회 회보」

14호.

40. 정부간행물. 1973. '대통령 각하 지시사항'「1973년도 연두순시 내무부편」. 대통령비서실 간행.

41. 정재경. 1992.『위인 박정희』. 집문당. 335쪽.

42. 정재훈. 2000. '나의 길 나의 인생: 일제잔재 청산과 문화재 조경 바로 세우기'「환경과 조경」144호. 36-39쪽.

43. 정태륭. 2012.『박정희는 로맨티스트였다』. 청어. 264쪽.

44. 조갑제. 2007.『박정희』1-13권. 조갑제닷컴.

45. 조갑제. 2009.『박정희의 결정적 순간들』. 기파랑. 806쪽.

46. 조선일보. 2010. '조선은 온통 민둥산이라'〈제국의 황혼: 100년 전 우리는〉99. 성신여대 박기주 교수 기고문. 2010년 1월 15일.

47. 한국임정연구회. 1975.『치산녹화30년사』. 717쪽.

48. Brown, Lester R. 2006. *Plan B 2.0: Rescuing a Planet Under Stress and a Civilization in Trouble.* Earth Policy Institute. Washington, D. C.

49. FAO(Food and Agriculture Organization). 1982. *Village forestry development in the Republic of Korea. A case study.* Forestry for Local Community Development Programme(GCP/INT/347/SWE) Rome, Italy. 104p.

50. Lee, Kyung-Joon. 2013. *Successful Reforestation in South Korea: Strong Leadership of Ex-President Park Chung-Hee.* CreateSpace, Charleston, South Carolina, USA. 246p.

51. 이경준. 2013. '새마을운동과 산림녹화: 새마을 소득증대사업과 산림계의 역할'.「2012 경제발전경험모듈화사업」233-361쪽, 기획재정부. 새마을운동중앙회, 한국개발연구원(KDI).

52. 이경준. 2014. '효율적인 정책집행의 성공사례연구 산림녹화행정'「거버넌스 사례연구」. 225-438쪽. 한국개발연구원(KDI) 세종.

53. 이경준(대표 저자). 2015. "한국의 산림녹화 70년". 한국학중앙연구원출판부. 438쪽.

310

한국의 산림녹화, 어떻게 성공했나?

초 판 1쇄 발행   2015년 10월 12일
개정판 1쇄 인쇄   2022년 9월 23일

지은이 · 이경준
펴낸이 · 안병훈
펴낸곳 · 도서출판 기파랑
등 록 · 2004. 12. 27 제300-2004-204호
주 소 · (03086) 서울시 종로구 대학로8가길 56 동숭빌딩 301호
전 화 · 02-763-8996(편집부) 02-3288-0077(영업마케팅부)
팩 스 · 02-763-8936
이메일 · info@guiparang.com
홈페이지 · www.guiparang.com
ⓒ이경준, 2015

ISBN 978-89-6523-854-6   03980